全球兵器鉴赏大全系列

全球枪械图鉴大全

军情视点 编

化学工业出版社
北京

本书精心选取了世界各国自20世纪以来研制的上百款经典枪械,包括突击步枪、狙击步枪、机枪、手枪、冲锋枪和霰弹枪等,对每款枪械的诞生历史、性能数据、衍生型号、主体结构、作战性能和流行文化中的表现等都进行了详细介绍。另外,书中每款枪械都有客观、公正的影响力指数评比,标准包括枪械性能、技术创新、生产总量、使用国家和服役时长等。

本书不仅是广大青少年朋友学习军事知识的不二选择,也是资深军事爱好者收藏的绝佳对象。

图书在版编目(CIP)数据

全球枪械图鉴大全 / 军情视点编. —北京:化学工业出版社,2016.4(2025.5重印)
(全球兵器鉴赏大全系列)
ISBN 978-7-122-26444-2

Ⅰ. ①全… Ⅱ. ①军… Ⅲ. ①枪械-世界-图集 Ⅳ. ① E922.1-64

中国版本图书馆CIP数据核字(2016)第044450号

责任编辑:徐 娟　　　　　　　　　　　装帧设计:卢琴辉
　　　　　　　　　　　　　　　　　　　封面设计:刘丽华

出版发行:化学工业出版社(北京市东城区青年湖南街13号　邮政编码100011)
印　　装:涿州市般润文化传播有限公司
710mm×1000mm　1/16　印张22　字数440千字　2025年5月北京第1版第12次印刷

购书咨询:010-64518888　　　　　　　　售后服务:010-64518899
网　　址:http://www.cip.com.cn
凡购买本书,如有缺损质量问题,本社销售中心负责调换。

定　价:59.80元　　　　　　　　　　　　　　　　　　版权所有　违者必究

前　言

　　枪械是步兵的主要武器，也是其他兵种的辅助武器。它利用火药燃气能量发射弹丸，用于打击无防护或弱防护的有生目标。早期的枪械因为射速慢、精度差、对射击姿势限制很大，所以它只是继承了弩的地位，并没有取代矛、剑等格斗武器，也没能取代弓箭。因此，14世纪到19世纪前期通常被称为火器与冷兵器并用时代。

　　到了19世纪，随着枪械技术的不断发展，冷兵器开始走向衰落。在19世纪中期多场战争，如美墨战争、南北战争、普丹战争、普奥战争、普法战争、北美印第安战争等，枪械首次发挥其压倒性的战斗力，把以往枪械和冷兵器并用的战争模式彻底改变，世界各国争相开发和购置新式枪械。

　　19世纪末开始，枪械的各项技术日趋成熟，小型速射枪械已经包办了连近战内的几乎所有人对人的战斗。为了应付枪林弹雨的威胁，战车也开始出现，反过来促成了比传统枪械更具单发破坏力的广义轻武器出现，也开始超越了狭义枪械的境界。20世纪上半叶的两次世界大战，也不断催化各类枪械的发展。时至今日，尽管各种高科技武器不断出现，但枪械仍然在现代军队中占据着重要位置。

　　本书精心选取了世界各国自20世纪以来研制的上百款经典枪械，包括突击步枪、狙击步枪、机枪、手枪、冲锋枪和霰弹枪等，对每款枪械的诞生历史、性能数据、衍生型号、主体结构、作战性能和流行文化中的表现等都进行了详细介绍。另外，书中每款枪械都有客观、公正的影响力指数评比，标准包括枪械性能、技术创新、生产总量、使用国家和服役时长等。通过阅读本书，读者会对枪械有一个全面和系统的认识。

　　作为传播军事知识的科普读物，最重要的就是内容的准确性。本书的相关数据资料均来源于国外知名军事媒体和军工企业官方网站等权威途径，坚决杜绝抄袭拼凑和粗制滥造。在确保准确性的同时，我们还着力增加趣味性和观赏性，尽量做到将复杂的理论知识用最简明的语言加以说明，并按照现代人的阅读习惯添加了大量精美的图片。因此，本书不仅是广大青少年朋友学习军事知识的不二选择，也是资深军事爱好者收藏的绝佳对象。

　　参加本书编写的有丁念阳、黎勇、王安红、邹鲜、李庆、王楷、黄萍、蓝兵、吴璐、阳晓瑜、余凌巧、余快、任梅、樊凡、卢强、席国忠、席学琼、程小凤、许洪斌、刘健、王勇、黎绍美、刘冬梅、彭光华、曾鲁国、邓清梅、何大军、蒋敏、雷洪利、李明连、汪顺敏、吴茂荣、夏方平等。在编写过程中，国内多位军事专家对全书内容进行了严格的筛选和审校，使本书更具专业性和权威性，在此一并表示感谢。

　　由于时间仓促，加之军事资料来源的局限性，书中难免存在疏漏之处，敬请广大读者批评指正。

编　者

2016年2月

目 录

第1章 枪械概述 001

- 1.1 枪械发展简史 002
- 1.2 枪械主要分类 004
- 1.3 枪弹 007

第2章 突击步枪 009

- 2.1 苏联/俄罗斯AK-47突击步枪 010
- 2.2 美国M16突击步枪 017
- 2.3 苏联/俄罗斯AK-74突击步枪 021
- 2.4 苏联/俄罗斯AKM突击步枪 025
- 2.5 俄罗斯AK-107突击步枪 029
- 2.6 俄罗斯AK-12突击步枪 032
- 2.7 美国AR-15突击步枪 035
- 2.8 加拿大C7突击步枪 037
- 2.9 德国HK416突击步枪 040
- 2.10 法国FAMAS突击步枪 045
- 2.11 奥地利斯泰尔AUG突击步枪 050
- 2.12 南非CR-21突击步枪 054
- 2.13 比利时FN F2000突击步枪 056
- 2.14 比利时FN FNC 突击步枪 060
- 2.15 比利时FN SCAR突击步枪 063
- 2.16 德国HK G36突击步枪 066
- 2.17 德国HK G41突击步枪 071
- 2.18 以色列加利尔（Galil）突击步枪 072
- 2.19 韩国K2突击步枪 075
- 2.20 南非R4突击步枪 076
- 2.21 美国REC7突击步枪 078
- 2.22 英国SA80突击步枪 080
- 2.23 瑞士SIG SG 550突击步枪 081
- 2.24 俄罗斯SR-3突击步枪 084
- 2.25 德国StG44突击步枪 086

第3章 狙击步枪 089

- 3.1 美国巴雷特M82狙击步枪 090
- 3.2 英国AW狙击步枪 094
- 3.3 俄罗斯SVD狙击步枪 098
- 3.4 德国PSG-1狙击步枪 101
- 3.5 美国M107狙击步枪 103
- 3.6 美国麦克米兰TAC-50狙击步枪 ... 105
- 3.7 英国AWM狙击步枪 108
- 3.8 德国DSR-1狙击步枪 111
- 3.9 美国雷明顿M40狙击步枪 115
- 3.10 美国雷明顿M24狙击手武器系统 ... 118
- 3.11 美国M21狙击手武器系统 122
- 3.12 英国PM狙击步枪 125
- 3.13 美国巴雷特M98B狙击步枪 128
- 3.14 美国巴雷特M99狙击步枪 132

| 3.15 美国巴雷特M95狙击步枪 136
| 3.16 英国AWP狙击步枪 139
| 3.17 美国阿玛莱特AR-50狙击步枪 142
| 3.18 美国巴雷特XM109狙击步枪 144
| 3.19 德国WA2000狙击步枪 147
| 3.20 俄罗斯SV-98狙击步枪 150
| 3.21 美国奈特M110半自动狙击手系统..... 152

| 3.22 德国R93战术型狙击步枪 155
| 3.23 美国CheyTac M200狙击步枪 158
| 3.24 法国FR-F2狙击步枪 161
| 3.25 德国MSG90狙击步枪 163
| 3.26 美国雷明顿XM2010狙击步枪 165
| 3.27 法国PGM Hecate Ⅱ狙击步枪 168
| 3.28 美国M25轻型狙击步枪 170

第4章 机 枪 172

| 4.1 美国M1917重机枪 173
| 4.2 美国M2重机枪 176
| 4.3 英国刘易斯轻机枪 180
| 4.4 德国MG42通用机枪 183
| 4.5 美国M61重机枪 187
| 4.6 以色列Negev轻机枪 190
| 4.7 苏联/俄罗斯RPD轻机枪 193
| 4.8 美国加特林机枪 197
| 4.9 英国布伦轻机枪 200
| 4.10 新加坡Ultimax 100轻机枪 203
| 4.11 苏联/俄罗斯DP/DPM
        轻机枪 205
| 4.12 苏联/俄罗斯PK通用机枪 208

| 4.13 英国马克沁重机枪 211
| 4.14 苏联/俄罗斯DShK/DShKM
        重机枪 213
| 4.15 苏联/俄罗斯NSV重机枪 217
| 4.16 比利时FN Minimi轻机枪 220
| 4.17 前捷克斯洛伐克ZB26轻机枪 223
| 4.18 美国M60通用机枪 225
| 4.19 德国MG45通用机枪 228
| 4.20 俄罗斯Kord重机枪 230
| 4.21 美国M249轻机枪 232
| 4.22 德国HK21通用机枪 235
| 4.23 日本大正十一式轻机枪 237
| 4.24 苏联/俄罗斯RPK轻机枪 240

第5章 手 枪 242

| 5.1 美国柯尔特M1911半自动手枪 ... 243
| 5.2 美国M9半自动手枪 247
| 5.3 奥地利格洛克17半自动手枪 250
| 5.4 以色列IMI "沙漠之鹰"
      半自动手枪 252

| 5.5 德国鲁格P08半自动手枪 256
| 5.6 德国瓦尔特PP/PPK半自动手枪 259
| 5.7 比利时FN 57半自动手枪 261
| 5.8 捷克斯洛伐克CZ52半自动手枪 263
| 5.9 美国MEU(SOC)半自动手枪 266

| 5.10 比利时FN M1935大威力手枪... 268
| 5.11 瑞士SIG Sauer SP2022
  半自动手枪 270
| 5.12 苏联TT半自动手枪 273
| 5.13 德国HK45半自动手枪 275
| 5.14 德国毛瑟C96自动手枪 278

5.15 美国柯尔特"蟒蛇"左轮手枪... 280
5.16 瑞士SIG Sauer P220
  半自动手枪 284
5.17 德国瓦尔特P38自动手枪 287
5.18 德国HK USP半自动手枪 289
5.19 苏联/俄罗斯马卡洛夫PM手枪... 293

第6章 冲锋枪 296

6.1 德国MP5冲锋枪 297
6.2 以色列乌兹冲锋枪 299
6.3 苏联/俄罗斯PPSh-41冲锋枪 ... 300
6.4 芬兰索米M1931冲锋枪 302
6.5 德国MP40冲锋枪 304
6.6 美国汤普森冲锋枪 305
6.7 德国MP7冲锋枪 307
6.8 苏联/俄罗斯PPS-43冲锋枪 308
6.9 苏联/俄罗斯PP-91冲锋枪 310
6.10 德国UMP冲锋枪 311

6.11 意大利伯莱塔M12冲锋枪 312
6.12 比利时FN P90冲锋枪 314
6.13 捷克斯洛伐克Vz.61冲锋枪 ... 315
6.14 俄罗斯PP-2000冲锋枪 317
6.15 英国司登冲锋枪 318
6.16 英国斯特林冲锋枪 320
6.17 法国MAT-49冲锋枪 321
6.18 韩国K7冲锋枪 322
6.19 美国M3冲锋枪 323
6.20 奥地利斯泰尔TMP冲锋枪 325

第7章 霰弹枪 327

7.1 美国雷明顿870霰弹枪 328
7.2 美国温彻斯特1897霰弹枪 330
7.3 比利时勃朗宁Auto-5霰弹枪 ... 331
7.4 美国雷明顿1100霰弹枪 333
7.5 美国莫斯伯格500霰弹枪 334
7.6 意大利伯奈利M4 Super 90
  霰弹枪 336

7.7 苏联/俄罗斯KS-23霰弹枪 337
7.8 意大利伯奈利Nova霰弹枪 338
7.9 美国M26模块式霰弹枪 339
7.10 俄罗斯Saiga-12霰弹枪 341
7.11 美国AA-12霰弹枪 343
7.12 意大利弗兰基SPAS-12
  霰弹枪 344

参考文献 346

第1章　枪械概述

枪械是指口径小于20毫米的身管射击武器，它利用火药燃气能量发射弹头，以打击无防护或弱防护的有生目标为主。枪械是步兵的主要武器，也是其他兵种的辅助武器。

1.1 枪械发展简史

枪械自诞生以来已经走过了700多个春夏秋冬。据史料记载，公元1259年，中国就制成了以黑火药发射子窠（铁砂、碎瓷片、石子、火药等的混合物）的竹管突火枪，这是世界上最早的管形射击火器。随后，又发明了金属管形射击火器——火铳，火铳的出现，使热兵器的发展进入一个新的阶段。

火药技术和金属管形火器于13世纪开始传入欧洲，并在欧洲获得了快速发展。到15世纪时，西班牙人研制出了火绳枪。火绳枪从枪口装入黑火药和铅丸，点火机构是一个简单的呈C形的弯钩，其一端固定在枪托一侧，另一端夹着一根缓燃的火绳。

由于火绳在雨天容易熄火，夜间容易暴露，16世纪后，意大利人又发明了燧发枪。最初的燧发枪是轮式燧发枪，用转轮同压在它上面的燧石摩擦点火，以后又出现了几种利用燧石与铁砧撞击点燃火药的撞击式燧发枪。同火绳枪相比，燧发枪具有射速快、口径小、枪身短、重量轻、后坐力小等特点，逐渐成为军队的主要武器。

1520年，德国铁匠戈特发明了直线式线膛枪，又称为来复枪。16世纪，人们又将膛线由直线形改为螺旋形，这样可使出膛的铅丸高速旋转，飞行更加稳定，从而提高了射击精度，增加了射程。1776年，英国人帕特里克·弗格森制造了新的来复枪，除在枪膛内刻上来复线外，又在枪上安装了调整距离和瞄准的标尺，从而提高了射击命中率。

竹管突火枪　　　　火铳

■ 竹管突火枪和火铳示意图

■ 枪管的膛线

19世纪初，人们发现了雷汞以及含雷汞击发火药的火帽。把火帽套在带火孔的击砧上，打击火帽即可引燃膛内的火药，这就是击发式枪机。1812年，法国出现了弹头、火药和纸弹壳组合一体的定装式枪弹，于是，人们开始从枪管尾部装填弹药。

1835年，普鲁士人德雷泽成功发明了后装式步枪，他把自己造的枪称为"针枪"。在使用时，射手用枪机从后面将子弹推入枪膛，在扣动扳机后枪机上的击针穿破纸弹壳并撞击底火，引燃发射药将弹丸击发。

1867年，德国研制成功了制造了世界上第一支使用金属外壳子弹的机柄式步枪。这种枪有螺旋膛线，使用定装式枪弹，操纵枪机机柄可实现开锁、退壳、装弹和闭锁。

19世纪末开始出现了自动枪械，并被应用到第一次世界大战（以下简称一战）之中。1884年，第一种现代意义上的自动枪械研制成功，这就是著名的马克沁重机枪。在索姆河战役中，德国使用马克沁机枪对冲击德军阵地的英法联军扫射，使英军一天的伤亡就达到近6万人。马克沁机枪一战成名，在此役之后各国军队纷纷开始装备，并被称为最具威慑力的陆战武器。于是自动枪械开始取代手动枪械，成为战场上新崛起的一个新星。

■ 马克沁重机枪

有了一战的前车之鉴，在第二次世界大战（以下简称二战）中参战各国都装备了大量的自动武器，主要为机枪、冲锋枪和半自动步枪。这一时期传统的拉栓式步枪在火力上明显严重不足，逐渐被新发展出的半自动步枪和自动步枪所取代。在二战前期单兵火力较弱的情况下，手枪在夜战和近战中也有发挥着一定的作用。

二战结束后，枪械设计和制造工艺得到飞速发展。现代步枪以突击步枪、狙击步枪、自动步枪和卡宾枪为主，机枪以重机枪、轻机枪和通用机枪为主，而冲锋枪在军事上的用途已经逐渐被突击步枪和卡宾枪取代，目前主要装备特种部队和警察。

随着科学技术的发展，未来的枪械或许已经不再仅限于依靠火药产生杀伤力，激光和电磁发射装置或许会成为现代枪械构件的接班人。

1.2 枪械主要分类

步枪

步枪是单兵肩射的长管枪械。主要用于发射枪弹，杀伤暴露的有生目标，有效射程一般为400米。步枪也可用刺刀、枪托格斗，有的还可发射枪榴弹，具有点面杀伤和反装甲能力。传统步枪已经被淘汰，现代步枪主要分为突击步枪、狙击步枪以及卡宾枪。

突击步枪（Assault Rifle）是一种能够能选择半自动和全自动射击模式的步枪，它专为战斗而设计，是现代士兵的标准武器。

狙击步枪（Sniper Rifle）是一种远距离步枪，它通常附带有光学瞄准具，主要用于攻击远距离的高价值目标，通常为非自动和半自动。

卡宾枪（Carbine）实际上是一种短管步枪，有着枪管短、重量轻、体积小的特点，其后坐力相对较低，在持续射击时可控性好。

■ 使用M16突击步枪的美国陆军士兵

■ 使用M82狙击步枪的美国陆军士兵

■ 使用M4卡宾枪的美国陆军士兵

机枪

机枪（Machine Gun）是一种快速连续射击的全自动枪械，可分为轻机枪、重机枪以及通用机枪等。

轻机枪（Light Machine Gun）主要以两脚架为依托进行抵肩射击，具有重量轻、机动性强的特点，可为步兵提供500米范围的火力支援。

重机枪（Heavy Machine Gun）一般是指重量在25千克以上的机枪（含三脚架），拥有较好的远距离射击精度和火力持续性，能有效地歼灭或压制1000米内的敌方有生目标、火力点以及轻装甲目标，而且还具有一定的低空防空能力。

通用机枪（General Purpose Machine Gun）是一种兼具重机枪和轻机枪特点的机枪，它不但拥有重机枪射程远、威力大、连续射击时间长的特点，又具备轻机枪携带方便、使用灵活的长处，是机枪家族中的后起之秀。

■ 美国M249轻机枪开火瞬间

手枪

手枪（Handgun）是一种由单手握持的小型枪械，主要用于近战和自卫，发射威力较小的手枪弹，杀伤距离一般在50米左右。

现代手枪主要有左轮手枪、自动手枪（实际是半自动手枪）、全自动手枪三种类型。左轮手枪是一种属手枪类的小型枪械，其转轮一般有5~6个弹巢，子弹安装在弹巢中，可以逐发射击。

半自动手枪又叫自动装填手枪，是通常意义上的自动手枪，区别于全自动手枪。它是指仅能自动装填弹药的单发手枪。即射手扣动一次扳机，只能发射一发枪弹。

全自动手枪是可以连发射击的手枪，即手指按着扳机，可以连续射击，直到弹仓里没子弹为止。

■ 奥地利格洛克17手枪

冲锋枪

冲锋枪（Submachine Gun）是一种发射手枪弹的短枪管轻型自动武器，有着短小轻便、火力凶猛、携弹量大的特点，是一种非常有效的冲击和反冲击武器。

冲锋枪使用的是手枪弹,相比装药量较大的步枪弹而言后坐力较小,但是这也造成了冲锋枪威力较小、有效射程较近的缺点。所以在突击步枪出现之后,冲锋枪已经逐渐被取代。

目前,除了微型冲锋枪和微声冲锋枪仍有一定的生命力之外,普通的冲锋枪已经逐渐被突击步枪所取代。

■ 德国MP7冲锋枪

霰弹枪

霰弹枪(Shotgun)是一种没有膛线的发射霰弹的枪械,许多霰弹枪具有多种用途,不但能够发射霰弹,而且还能用来发射其他弹药,比如催泪弹、木棍弹等。

霰弹枪的外形与半自动步枪相似,不过霰弹枪的枪管非常粗大,其口径通常可达18.2毫米,而且许多霰弹枪大都没有可拆卸的弹匣。

■ 美国雷明顿870霰弹枪

1.3 枪弹

枪弹是枪械系统不可分割的一部分,枪弹的发展是与枪械密切联系在一起的。从最初弹头与火药是分开携带的球形弹丸到目前种类繁多的各种枪弹,枪弹的发展都促进了枪械的进步。

枪弹结构组成

尽管枪弹有不同形状、大小和结构，但它们的结构组成基本相同，主要由弹头、弹壳、发射药以及底火四部分组成。

弹头由弹头被甲、铅套和弹心组成，不同的弹心结构可以满足枪弹的不同功能。如普通弹头的弹心采用钢弹心或铅弹心；穿甲弹头采用带铅套和穿甲钢心的弹心；穿甲燃烧曳光弹头采用带燃烧剂、穿甲钢心、曳光管、曳光剂等组成的弹心。

弹壳用来装载发射药并连接弹头和密闭发射药气体，通常用合金制造。

发射药通常为无烟火药，它通过燃烧瞬间产生的大量气体将弹丸推出枪口，是子弹的动力之源。发射药的质量和数量会直接影响子弹的杀伤力。

底火也称为火帽，它安装在药筒底部，可由机械能或电能刺激发火并点燃枪弹发射药，其体积较小。

枪弹分类

按配用武器的不同，枪弹可分为供手枪发射使用的手枪弹、供步枪发射使用的步枪弹、供大口径高射（重）机枪等武器发射的大口径机枪弹以及供射击运动、防暴等武器发射使用的其他枪弹。

按战术用途及作用效果，枪弹分为战斗用枪弹、辅助用枪弹、运动枪弹和防暴枪弹等类型。战斗用枪弹可细分为单功能枪弹和多功能枪弹。单功能枪弹包括普通弹、双弹头弹、穿甲弹、曳光弹、燃烧弹、爆炸弹等；多功能枪弹包括穿甲燃烧弹、穿甲曳光弹、燃烧曳光弹、爆炸燃烧弹、爆炸燃烧曳光弹、穿甲爆炸燃烧弹等；辅助用枪弹包括空包弹、练习弹、教练弹、高压弹、强装药弹、标准弹、信号弹等；运动枪弹包括小口径运动步枪弹、小口径运动手枪弹、转轮手枪弹、大口径军用比赛弹、气枪弹及猎枪弹等；防暴枪弹包括强闪光弹、致痛弹、震荡弹、催泪弹及杀伤弹等。不同用途的枪弹通常会以不同的颜色标示，例如穿甲燃烧曳光弹，通常将弹头涂为红色，顶端涂为紫色。

■ 不同口径的枪弹

第2章　突击步枪

突击步枪是具有冲锋枪的猛烈火力和接近普通步枪射击威力的自动步枪，通常发射中间型威力枪弹或小口径步枪弹，其特点是射速较高、射击稳定、后坐力适中、枪身短小轻便。

2.1 苏联/俄罗斯AK-47突击步枪

影响力指数	★★★★★
枪械性能	★★★★☆
技术创新	★★★★☆
生产总量	★★★★★
使用国家	★★★★★
服役时长	★★★★☆

服役时间	1951年至今	产量	1亿支以上
口径	7.62毫米	弹容量	30发
全长	870毫米	枪口初速	710米/秒
枪管长	415毫米	射速	600发/分
重量	4.3千克	射程	300米

AK-47是苏联著名枪械设计师米哈伊尔·季莫费耶维奇·卡拉什尼科夫（俄语：Михаил Тимофеевич Калашников）在20世纪40年代所设计的一款突击步枪。

■ AK-47突击步枪

诞生历史

AK-47是目前世界上最知名的突击步枪，它从1949年开始被苏联军队采纳为制式装备，并一直服役到20世纪80年代。而且，该枪还被苏联大量出口到许多其他国家，直到目前仍在许多国家的军队和执法机构中服役。

AK-47突击步枪是突击步枪中可靠耐用的典范，它由著名枪械设计师卡拉什尼科夫设计。卡拉什尼科夫1919年出生于哈萨克斯坦阿拉木图的一个自耕农家庭，1936年进入铁路部门工作，从事机车修理。除本职工作外，他还非常喜欢研究军用装备，并对枪械无比着迷。19岁时，卡拉什尼科夫应征入伍，加入苏联军队，并在基辅服役。由于热爱机械，并喜欢钻研技术，所以被推荐去学习军械技术。之后被派往列宁格勒工厂担任他自己所设计的坦克装置的生产技术指导，直到1941年6月2日苏德战争爆发。

TIPS：

自耕农是指自己占有土地和其他生产资料，依靠自己和家庭成员进行农业经营的个体农民。

战争爆发后,卡拉什尼科夫很快被召回部队担任T-34坦克的车长。在一次战斗中,卡拉什尼科夫驾驶的坦克被德军炮火击中,身负重伤的他被送到后方医院救治。在医院中,伤员们的谈话激发了他设计一种全新自动步枪的奇想,并在住院期间,翻阅了不少轻武器书籍,从中学习到大量相关知识。

1942年春,卡拉什尼科夫被授予了红星勋章,虽然他想出院归队继续参战,但却未能得到医院的批准,医院让他先回家养伤半年再作打算。离开军事岗位后,卡拉什尼科夫回到以前工作过的铁道机车修理站,并一边工作一边摸索枪械设计,并在朋友的帮助下手工打造出第一支步枪。步枪做好以后,卡拉什尼科夫专门送到捷尔任斯基炮兵学院进行试验和评审,但评审委员会在试验后认为步枪的机构过于复杂,整体性能上未能超过当时装备苏军的PPS-43步枪。

■ 卡拉什尼科夫回忆其当年的青春岁月

■ 卡拉什尼科夫和他设计的AK步枪

虽然这个不成功的自动步枪未能得到评审委员会的肯定,但却引起了苏联装备规划委员会的勃拉贡拉沃夫中将(时任捷尔任斯基炮兵学院院长)的注意。勃拉贡拉沃夫对该枪新颖的设计赞不绝口,并于1943年推荐卡拉什尼科夫到高级步兵枪械学校接受专业深造。从高级步兵枪械学校毕业

■ AK-47与7.62×39毫米中间型枪弹

后,卡拉什尼科夫被分配到昂斯克军用武器试验场担任技术员工作。1944年,在经过无数次失败的试验后,25岁的卡拉什尼科夫终于设计出了一种7.62毫米口径的半自动步枪。1946年,他又在这种半自动卡宾枪的基础上设计出一种全自动步枪——AK-46,并将其送到国家靶场与杰格佳廖夫、西蒙诺夫、什帕金、布尔金等多位著名设计师的作品一同进行选型试验。

■ 老当益壮的卡拉什尼科夫

之后，卡拉什尼科夫的样枪又被送到科弗罗夫市的一家兵工厂进行了较大的改进，其中包括将500毫米的枪管减至420毫米。改进后的样枪在复试时表现出比其他候选枪更佳的射击精度，不过选型评审委员会发现枪管变短后给予了严肃的批评，并警告"下不为例"。在可靠性试验中，卡拉什尼科夫的样枪表现惊人，完美顺利地通过了"沙浴试验"。射击时，沙粒向外喷射，就像水珠一样，在点射时也未产生任何故障，而竞争对手们的样枪则往往射击几次后就不行了。

■ 身上的勋章彰显了卡拉什尼科夫一生获得的荣誉

1947年，卡拉什尼科夫设计的步枪通过重重考验，终于成为苏军的制式装备，并被命名为AK-47。他本人也因此而荣获斯大林奖金，此时仅28岁。AK-47突击步枪被纳入苏军的制式装备后，很快就被兵工厂进行大批生产，并源源不断地送到苏军及华约组织士兵的手中。该枪最大的特点在于其简单的结构，这使得它不但易于分解、清洁和维修，而且使用起来也更加简便。同时，这样的结构还造就了该枪可靠、耐用的特性，在连续射击时即便或有灰尘等异物进入枪内也能继续正常运作，且具备良好的恶劣环境适应力。

主体结构

AK-47突击步枪采用导气式自动原理、回转式闭锁枪机，导气管在枪管的上方，通过活塞推动枪机动作。保险/快慢机柄位于机匣右侧，可以选择半自动或者全自动的发射方式，拉机柄位于机匣右侧。

该枪主要由容量30发的弧形弹匣供弹，也可以使用10发、20发、40发、75发、100发的弹匣或弹鼓，发射7.62×39毫米中间型威力弹药，有效射程300米（全自动）～400米（半自动）。该枪的保险也非常独具特色，它与一般突击步枪的"保险→半自动→全自动"不同，将全自动放在前，而半自动在后，为"保险→全自动→半自动"。这是因为在遇到突发状况时，士兵们大都会把快慢机扳到底，然后扣住扳机疯狂扫射，浪费不必要的弹药。而AK-47由于将半自动后置，所以快慢机扳到底后只会射出1发，从而达到提高安全性和节约弹药的目的。

■ AK-47拆卸后部件相当简单

■ AK-47内部结构图

■ AK-47在沙漠与雨林都有极好的适应性

作战性能

AK-47突击步枪最大的特点在于其简单的结构，这使得它不但易于分解、清洁和维修，而且使用起来也更加简便。同时，这样的结构还造就了该枪可靠、耐用的特性，在连续射击时即便或有灰尘等异物进入枪内也能继续正常运作，且具备良好的恶劣环境适应力。

让AK-47系列步枪首次名闻天下的是20世纪60年代爆发的越南战争，AK-47系列步枪优良的可靠性和良好的密集火力，让手持早期M16突击步枪的美军士兵大吃苦头。越南战争初期，据说甚至有不少的美国士兵丢弃不适应热带雨林恶劣条件且非常笨重的M14自动步枪或因清理套件不足且清枪训练不足而故障频出的早期型M16突击步枪，转而使用战场上从越南士兵手中缴获的AK-47。

■ M16与AK-47在阿富汗战场有时会同台比武

此外，AK-47突击步枪还经历了中东沙漠的考验，在历次中东战争中AK-47均表现出良好的可靠性。甚至主要装备国产枪械及美式枪械的以色列军队都对AK-47青睐有加，部分以色列士兵更是在缴获对方的AK-47后，自己投入使用。

当然，虽然AK-47有着可靠耐用的特性，但依然有着不少的缺点，只是被异常突出的优点所掩盖而已。该枪最大的缺点在于精确性，由于全自动射击时枪口上扬严重，枪机框后坐时撞击机匣底，其枪机抛壳口的设计令其较难安装皮卡汀尼导轨，机匣盖的设计导致瞄准基线较短，瞄准具设计不理想等等缺陷，大大影响射击精度，对300米外的目标难以准确射击，连发时的精度更低。实际上，AK-47只可以满足以城市战和遭遇战为主的较近距离上战斗的要求。

■ AK-47由于其使用方便，在全世界很多军队中可以看到其身影

此外，由于世界各地有许多生产者都在生产AK-47，而这些生产者的生产能力又各不相同，所以质量也有千差万别。例如一些小作坊所生产出的AK-47在长时间射击后枪管容易变弯，而高规格的大型兵工厂生产的AK-47则有着可靠的质量保障。

■ 身穿防化服持AK-47的士兵

■ 采用AK-47演练城市作战的士兵

流行文化

现在，AK-47已经远远超出了一支步枪，甚至是武器的影响范围。除成为许多游戏和影视中的常客外，它还成为了一种象征和符号，甚至被绘在了非洲国家莫桑比克的国旗上。在20世纪70年代，民间曾流传着这样一句俏皮话："美国出口的是可口可乐，日本出口的是索尼电器，而苏联出口的则是卡拉什尼科夫。"

不过，根据苏联的统计，全球使用的AK-47系列步枪中高达90%都是仿制品，真正由苏联正规生产的仅占总数的10%左右。更让人惊异的是，AK-47的生产商伊热夫斯克（Izhevsk）机械工厂居然破产了。目前伊热夫斯克机械工厂已在重组之后获得新生，并准备与俄罗斯多家轻武器制造商合并，联合组建卡拉什尼科夫公司。俄罗斯人对重组后AK-47的前景也非常期待，有俄罗斯品牌专家估计，AK-47的品牌价值甚至高达100亿美元，如果运营得当的话甚至有很大潜力增长到1000亿美元。而且该品牌价值的评估范围也完全超越了武器，伊热夫斯克机械工厂已经向AK-47的设计者卡拉什尼科夫买断了AK-47的品牌所有权，然后在这个品牌下生产以及通过品牌授权的方式生产其他民用产品，范围甚至包括服装及日用品等。

■ 电影《战争之王》中主角走私的主要武器就是AK系列突击步枪

■ 以卡拉什尼科夫命名的伏特加

TIPS：

俄罗斯著名篮球运动员基里连科有个绰号叫AK-47，这个绰号的来源有多个：首先，安德烈·基里连科（Andrei Kirilenko）名姓的首个字符组合起来恰好是AK而球衣号码又正好是47号；其次，他与AK-47的产地同宗，都是俄罗斯；第三，基里连科超强的爆发力和体能可在攻防两端源源不断的给对手施压，正好与AK-47的疯狂扫射异曲同工。

■《反恐精英》中的"悍匪"手持AK-47步枪

■《反恐精英》中AK-47更换弹夹的连续截图

事实上,早在10多年前AK-47就已经成为品牌授权商了,格拉佐夫斯基(Glazovsky)酒厂早在1995年就已经开始生产AK-47牌伏特加了。而德国的MMI也曾获得过销售AK-47品牌的手表、雨伞以及其他日用品的授权。

2.2 美国M16突击步枪

影响力指数	★★★★★
枪械性能	★★★★★
技术创新	★★★★
生产总量	★★★
使用国家	★★★★
服役时长	★★★★

服役时间	1960年至今	产量	800万支以上
口径	5.56毫米	弹容量	20发、30发
全长	986毫米	枪口初速	975米/秒
枪管长	508毫米	射速	700~950发/分
重量	3.1千克	射程	400米

M16是美国由阿玛莱特AR-15发展而来的突击步枪,现由柯尔特公司生产。它是世界上最优秀的步枪之一,也是同口径中生产数量最多的枪械,自20世纪60年代以来一直是美国陆军的主要步兵武器。

■ M16突击步枪

诞生历史

1957年，美军在装备M14自动步枪后不久就正式提出设计新枪。阿玛莱特公司的尤金·斯通纳将7.62毫米口径AR-10步枪改进为5.56毫米口径AR-15步枪，从竞标中胜出。随后，AR-15经过了一系列改进，并将生产权卖给了柯尔特公司。1964年，美国空军正式装备该枪并将其命名为M16。

M16主要分成三代。第一代是M16和M16A1，于20世纪60年代装备，使用美军M193/M196子弹，能够以半自动或者全自动模式射

从上至下分别为：M16A1、M16A2、M4A1、M16A4

击。第二代是M16A2，在20世纪80年代开始服役，使用比利时M855/M856子弹（北约5.56毫米）。第三代是M16A4，成为美伊战争中美国海军陆战队的标准装备，也越来越多地取代了之前的M16A2。在美国军队中，M16A4与M4卡宾枪的结合使用仍在逐步取代现有的M16A2。M16A4具有配备护木的四个皮卡汀尼滑轨，可以使用光学瞄准镜、夜视镜、激光瞄准器、握柄以及手电筒。

除了早期有一些毛病之外，M16逐渐成为成熟、可靠的武器系统。它主要由柯尔特兵工厂以及赫斯塔尔国家兵工厂制造，而世界上很多国家都生产过其改型版。该武器的最初版本仍然有库存，主要供留用，以及给国民警卫队和美国空军使用。

斯通纳和卡拉什尼科夫两大枪王的合影

主体结构

M16的枪管、枪栓和机框为钢制，机匣为铝合金，护木、握把和后托则是塑料。该枪采用导气管式工作原理，但与一般导气式步枪不同，它没有活塞组件和气体调节器，而采用导气管。枪管中的高压气体从导气孔通过导气管直接推动机框，而不是进入独立活塞室驱动活塞。高压气体直接进入枪栓后方机框里的一个气室，再受到枪机上的密封圈阻止，因此急剧膨胀的气体便推动机框向后运动。机框走完自由行程后，其上的开锁螺旋面与枪机闭锁导柱相互作用，使枪机右旋开锁，而后机框带动枪机一起继续向后运动。

■ 已成一代名枪的M16步枪

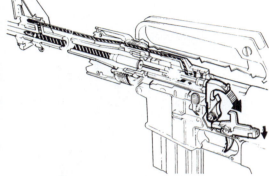
■ M16枪体构造

作战性能

M16A2和之后的改进型号采用了加厚的枪管，对于因操作不当引起的损害更加耐久，并且减缓了连续射击时的过热，适合持续射击。枪机正后方的塑料枪托中设有金属复进簧，可有效缓冲后坐力，使准星不会发生明显的偏移，减轻使用者的疲乏程度。M16A4设有皮卡汀尼导轨，可安装传统的携带提把、瞄准系统或者各种光学设备，以适应各种作战需求。不过，比起使用导气活塞的步枪，M16系列步枪需要更频繁的清洁和润滑来保持稳定工作。

■ 士兵使用M16突击步枪进行射击训练

■ 不断改进后的M16突击步枪已能在严寒天气下运转自如

由于M16在试验与评价都不够充分的情况下便装备部队，在战场上频频出现故障，导致评价极差，但问题很快得到解决。目前，美军使用的M16大部分都是能够半自动射击和3发点射的，极少使用全自动版本。因为全自动版本的M16会因连发射击导致准星偏移，变得极不精确，且浪费弹药。因此，全自动版本（M16A3等）通常只配发给某些特殊部队。

流行文化

M16突击步枪以及它的改型在美国和其他许多国家的电影、电视和电子游戏中几乎无处不在。出现M16的电影包括《第一滴血》（1982年，国民警卫队和兰博使用）、《终结者》（1984年，警察使用）、《报告班长2》（1988年，空特部士兵使用）、《反恐战线》（2002年，车臣武装分子领袖使用）、《黑鹰坠落》（2002年，第75游骑兵团使用）、《我们曾是战士》（2002年）和《战争之王》（2005年，尤里所出售的军火之一）等。

出现过M16突击步枪的电子游戏包括：《三角洲特种部队》（1998年）、《彩虹六号》（1998年）、《秘密潜入》（2000年）、《战地2》（2005年）、《三角洲特种部队：终极目标》（2005年）、《真实计划》（2005年）、《使命召唤》（《现代战争》系列）、《反恐精英Online》（2007年）、《辐射：新维加斯》（2010年）和《国土防线》（2011年）。

■ 电影《黑鹰坠落》中美军士兵使用的主要武器就是M16步枪

■ M16在游戏《反恐精英》中的表现

2.3 苏联/俄罗斯AK-74突击步枪

影响力指数	★★★★☆
枪械性能	★★★★
技术创新	★★★★
生产总量	★★
使用国家	★★★
服役时长	★★★☆

服役时间	1974年至今	产量	500万支以上
口径	5.45毫米	弹容量	20发、30发、45发
全长	943毫米	枪口初速	900米/秒
枪管长	415毫米	射速	650发/分
重量	3.3千克	射程	300~500米

AK-74突击步枪的俄语全称为Автомат Калашникова образца 1974 года，即"卡拉什尼科夫自动步枪1974年型"。该枪由AK-47突击步枪的缔造者卡拉什尼科夫设计，采用5.45×39毫米M74小口径弹药，于20世纪70年代开始生产及装备苏联军队，直至目前仍在许多国家服役。

■ AK-74突击步枪的折叠枪托型

诞生历史

AK-74突击步枪是苏联装备的第一种小口径突击步枪，也是继M16突击步枪之后世界上第二种大规模装备部队的小口径步枪。该枪于1974年11月7日在莫斯科红场阅兵仪式上首次出现，在之后的数十年里一直是苏联/俄罗斯军队的制式装备。

虽然AK-47突击步枪在越南战争中有着良好的表现，其使用的7.62×39毫米子弹即便在较远的射程下仍有足够的杀伤力，但同时它也有着显著的缺点，那就是精度不够，且后坐力也相对较大。

于是，苏联军队从20世纪60年代末期开始寻求一种新型的小口径步枪，并最终规定5.45毫米作为新型突击步枪的口径标准。70年代初，5.45×39毫米子弹被研制了出来。1974年，AK-74突击步枪也成功面世，并被苏联纳入制式武器名单。

■ 苏联海军士兵装备的AK-74突击步枪

TIPS：

当今世界上使用最广泛的三种步枪口径为7.62毫米、5.56毫米及5.45毫米。

■ 俄罗斯陆军是AK-74最大的用户之一

衍生型号

■ AKS-74
为装备空降部队的折叠枪托型,枪托展开时长943毫米,折叠后694毫米。早期采用塑料护木,后期型改为玻璃纤维塑料护木。

■ RPK-74
为AK-74的长、重枪管型,配有折叠式两脚架,于1974年开始生产及装备。

■ AK-74M
从1987年开始研制,1991年开始生产。该枪在AK-74的基础上进行了部分改进,包括更换新的黑色合成枪托,采用加固的枪口装置和防尘罩,以及配置用于安装光学器材的侧道轨托架等。

■ PP-19
是由AKS-74U卡宾枪发展而来的冲锋枪,除构造和外观上大幅修改外,还将发射弹药改为手枪子弹。

■ AKS-74U
短枪管突击型,于1979年生产及装备,主要装备苏联空降部队、特种部队及非前线部队(如车辆或飞机驾驶员)。

主体结构

AK-74突击步枪与AK-47突击步枪和AKM突击步枪有许多相似之处，它不但采用了与AK-47突击步枪相同的导气式原理和回旋机枪闭锁方式，保留了AK-47的机匣外形，能与AK-47一样依靠专用导轨上加装各类瞄准镜及加挂GP-25榴弹发射器，并且一半的零部件都能与AKM突击步枪通用。

AK-74突击步枪采用了新的枪口装置，新枪口装置长81毫米，直径25.8毫米，内部为双室结构；前室的两侧各铣有一个大的方形开口，开口的后断面切割出锯齿形槽；后室开有3个直径2.5毫米的泄气孔，分布于上面和右侧面。根据气体动力学原理，从膛口喷出的火药燃气在这个枪口装置中进行两次冲击、两次膨胀。气体在通过后室时，有部分气体从后室的3个泄气孔喷出，以达到制退和减振的综合作用；在通过前室时，大开口后端面的槽会使气体偏流25度，让足够多的气体反冲在开口的前端面，从而进一步降低后坐力。另外，向右上方喷出的气体还能减轻枪口射击时的上跳，并利于提高射击精度。

■ AK-74突击步枪（上）和RPK-74轻机枪（下）

■ 拆解后的AK-74突击步枪

作战性能

虽然AK-74是由AKM缩小口径改良而来，但也加入了许多全新设计。由于改用了5.45毫米口径的子弹，所以该枪的枪管口径与膛室也需要做相对的修改，并在枪口上设计了一个大型枪口制退器以降低后坐力和提高射击精度。再加上所采用的是后坐力较小的5.45毫米小口径弹药，所以该枪的后坐力很小，射击精度极高。

■ 俄罗斯海军步兵的AKS-74步枪

不过，这种制退器虽然效果明显，但同时也有着一个严重缺点，即会产生较大的枪口焰，从而大幅降低了射手在黑暗环境下的隐蔽性。

流行文化

AK-74突击步枪作为AK枪族的重要型号之一，受到不少影视和游戏的青睐，观众常常可以在电影或是电视剧中看到使用AK-74突击步枪扫射的场景，而游戏迷们也可以从不少著名游戏中看到它的身影，例如《穿越火线》、《反恐精英》、《神圣使命》、《战地之王》、《生化危机》、《战地2》和《使命召唤》等。

■《战地2》中的AK-74突击步枪

2.4 苏联/俄罗斯AKM突击步枪

影响力指数	★★★★☆
枪械性能	★★★★
技术创新	★★★
生产总量	★★
使用国家	★★★
服役时长	★★★★☆

服役时间	1959年至今	产量	1027万支以上
口径	7.62毫米	弹容量	20发、30发、40发、75发
全长	880毫米	枪口初速	715米/秒
枪管长	415毫米	射速	600发/分
重量	3.1千克	射程	400米

AKM是由AK-47突击步枪的研发者米哈伊尔·季莫费耶维奇·卡拉什尼科夫在AK-47的基础上改进而成的一种突击步枪，于1959年开始投产。

■ AKM突击步枪

主体结构

与AK-47相比，AKM的制造工艺得到了进一步改进，它更多地采用金属冲压、焊接工艺与合成材料，以此大幅降低枪支重量、生产时间和成本。同时进行了多处改进，其中包括：在护木上新增手指槽，让射手在全自动射击时更好地控制武器。机匣两侧各有一个很小的弹匣定位槽，机匣盖上有加强筋。击锤上安装了一个由5个零件组成的击锤延迟体。增加表尺射程，表尺刻度范围为200～1000米，每个分划为200米；并在柱形准星和U形缺口照门上加装有荧光材料的附件，用于夜间瞄准。改用轻合金制成的弹匣，并与原来的钢制弹匣通用，后期还研制出更好的玻璃纤维塑料压模成型的弹匣。采用树脂合成材料制作的枪托、护木和握把，可以降低全枪的重量。枪机和枪机框表面经磷化处理，活塞筒前端有4个半圆形缺口，恰好与导气箍类似的缺口配合。改用新型的多功能刺刀。

■ 拆解后的M16（上）和AKMS（下）

衍生型号

■ AKMS
采用了金属折叠枪托，枪托折叠后长645毫米，主要供伞兵部队、坦克兵和特种部队使用。

■ AKMN
加装了夜视瞄准镜的型号。

作战性能

AKM突击步枪有着精度高、重量轻、可靠性好的特点，可以说在一定程度上对AK-47的缺点进行了改善。为了防止枪支因击锤过早撞击击针而导致的哑火并降低射击速率，卡拉什尼科夫还在AKM的击锤上加装了一个减速器。此外，由于AK-47突击步枪在连发射击时精度不太理想,所以AKM的枪口上还加装了一个斜切口形枪口装置,以此来抑制枪口跳动幅度,并有效提高连发射击精度。

该枪从1959年开始取代AK-47突击步枪成为苏军的主要制式枪械,一直服役到20世纪70年代才逐渐开始被小口径的AK-74所取代。不过由于AKM突击步枪性能优良,特别是在近战时能发挥出比小口径的AK-74更好的杀伤力,所以该枪在许多国家的部队中一直服役到90年代。甚至到现在AKM仍是俄军二线部队及部分执法部门的储备武器。

另外,苏联还将不少AKM突击步枪出口到世界各地,且其中一些国家获得生产授权,并进行过改良设计。直到现在,AKM突击步枪仍是许多第三世界国家的制式装备,并在一些地区武装冲突中产生着重要作用。现装备或曾装备过AKM突击步枪的国家包括苏联/俄罗斯、阿富汗、芬兰、埃塞俄比亚、希腊、格鲁吉亚、匈牙利、印度、土耳其、也门和赞比亚等。

此外,由于AKM突击步枪继承了AK-47突击步枪的强大的火力、优异的可靠性和廉价性,AKM及其仿制型还是许多恐怖组织和犯罪集团的重要武器。总之,AKM突击步枪已经成为至今为止AK系列枪族中产量最高及影响力最大的一员。

■ 试射AKM步枪和MP5冲锋枪的美军士兵

■ 使用AKM进行射击训练的格鲁吉亚士兵

■ 伊拉克军队也是AKM的主要用户之一

■ 装备AKM突击步枪的埃塞俄比亚士兵

2.5 俄罗斯AK-107突击步枪

影响力指数	★★★★✦
枪械性能	★★★★
技术创新	★★★★
生产总量	★★
使用国家	★★★✦
服役时长	★★✦

口径	5.45毫米	弹容量	30发、60发
全长	943毫米	枪口初速	900米/秒
枪管长	415毫米	射速	850发/分
重量	3.8千克	射程	500米
重量	3.1千克	射程	400米

AK-107突击步枪是俄罗斯开发的5.45×39毫米口径突击步枪,是AK-100枪族的成员之一。

TIPS:

AK-107突击步枪与其他卡拉什尼科夫枪族成员最大的不同是名称中的"AK"并非俄语"卡拉什尼科夫自动步枪"的缩写,而是此枪设计师尤里·亚历山德罗夫和卡拉什尼科夫两人的名字合写,其含义为"由亚历山德罗夫设计,基于卡拉什尼科夫步枪样式"。

■ AK-107突击步枪

诞生历史

AK-107突击步枪的研发历史最早可以追溯到20世纪70年代的AL-7试验型突击步枪,该枪是AL-7的延续,继承其独特的平衡式气动系统,即平衡自动反冲系统(Balanced Automatics Recoil System,简称BARS)。

BARS系统最早于20世纪60年代由苏联中央精准武器制造研究院的枪械专家彼得·特卡乔夫提出，并首先将其应用在1965年AO-38突击步枪上。之后苏联枪械设计师尤里·亚历山德罗夫对其进行改进，并应用在试图与AK-74等竞争苏军第一代5.45毫米小口径步枪的AL-7试验型步枪上，但由于生产成本等原因，AL-7最终被AK-74所击败。

20世纪90年代中期，俄军开始装备新型的AN-94小口径突击步枪，不过由于该枪造价高昂、结构复杂，所以俄军又重新关注起性能可靠、造价低廉的AK系列。于是，在俄军的要求下伊热夫斯克机械工厂的枪械设计师亚历山德罗夫及其团队成功将AL-7的枪机和AK-74M枪身融合在一起，形成了AK-107/108突击步枪。

■ AK-107（上）和AK-108（下）的外形对比

衍生型号

■ AK-109
采用7.62×39毫米口径的AK-107，与AK-108同为出口型。

■ AK-108
为AK-107突击步枪的出口型，采用5.56×45毫米北约口径。

主体结构

AK-107突击步枪采用长行程活塞传动的转栓式枪机，并使用平衡自动反冲系统（BARS）减低后坐力，大幅提高了射击精度。

BARS系统的原理是通过两根导气杆实现对后坐力的平衡，这两根导气杆的位置一上一下，上导气杆有一个向前的导气活塞，而下导气杆有一个向后的导气活塞。两根导气杆皆装在由上护木覆盖的导气管中。在子弹击发后，火药气体吹入导气室，推动下导气杆向后运动实现枪机运

■ AK-107突击步枪

作，上导气杆连着一个配重块向前运动抵消部分射击时产生的对射手的反作用力。导气管内有一个星形齿轮确保活塞往复运动精确完成，使两根导气杆要么同时活动到导气管尽头，要么同时回到原点。

作战性能

AK-107突击步枪所采用的BARS系统可大幅降低步枪的反作用力，使射手受到的影响减少，从而提高射击精度以及加强全自动连射时的可控性。试验结果表明，AK-107突击步枪在非固定位置进行全自动连发时着弹分布面积比AK-74好得多。

尽管同样为长行程活塞驱动，AK-107的活塞往复运动行程仍较AK系列短，因此最高射速可达850～900发/分，比起AK-74的650发/分要高出不少，但不及使用同为特卡乔夫提出的"改变后坐冲量的枪机后坐"技术的AN-94的1800发/分。

AK-107突击步枪的射击模式有单发、三发点射和全自动连射三种，使用三发点射模式时，即使只打出了1、2发子弹，下次扣动扳机时自动机仍会自动复位到初始状态，即无论什么情况下扣动扳机都能确保最多只发射3发子弹。此外，该枪的护木下还可挂载GP-25或GP-30榴弹发射器或刺刀。弹匣则主要有两种：AK-74系列的30发弹匣和专用的4排60发弹夹。

■ 衍生型AK-109也可轻松拆解

■ 游戏《战地之王》中的AK-107改装版

2.6 俄罗斯AK-12突击步枪

影响力指数	★★★★☆
枪械性能	★★★★
技术创新	★★★★☆
生产总量	★☆
使用国家	★★☆
服役时长	☆

服役时间	2012年至今	产量	不详
口径	5.45毫米	弹容量	30发、60发、100发
全长	945毫米	枪口初速	900米/秒
枪管长	415毫米	射速	600发/分
重量	3.3千克	射程	625~800米

AK-12是伊热夫斯克机械工厂针对AK枪族常见缺陷而改进及生产的现代化突击步枪，该枪是AK枪族最新的成员，于2010年公开。

■ AK-12突击步枪

诞生历史

近年来，随着枪械配件的实用性不断增强，许多俄罗斯特种部队都自行从市场上购买配件来改装手中的AK系列步枪。但由于传统AK系列步枪的机匣盖材料较轻薄，无法整合MIL-STD-1913战术导轨以直接安装瞄准装置，所以使用者只能以机匣左侧装上的俄罗斯标准的瞄准镜导轨充当转接部件。但这样一来，野战分解时就需要先拆卸瞄准镜座才能打开机匣盖，再加上这些瞄准镜座都不长，所以无法使用前后串联式安装配置模式。

由于这些老式的AK系列步枪已经逐渐落伍，所以俄罗斯军队希望装备一种新型步枪。伊热夫斯克机械工厂为此推出AK-200突击步枪计划，并于2011年进行测试，不过据说俄罗斯军队内部对该枪感到失望。因为除了表面改装以外，性能几乎完全没有提高，而且新加的枪支附件还导致重量增加，外形也更加丑陋。

之后伊热夫斯克机械工厂停止了AK-200的研制，转而开发AK-12。该枪于2012年初正式亮相，并于当年完成初步测试。2014年，AK-12突击步枪正式开始服役。

第2章 突击步枪

■ 装有红点镜、前握把、激光瞄准器和战术灯的AK-12展出枪

主体结构

目前许多关于AK-12的消息还处于保密状态，但其原形AK-200是以使用5.45×39毫米M74口径的AK-74M为基础，加上经过改进的外部设计，其中最大的改进是为在机匣盖后端和照门的位置增加了固定装置，以便安装MIL-STD-1913战术导轨桥架后避免射击时跳动。此外，该枪的护木上也整合了战术导轨，以便安装对应的多种模块化战术配件。

在改进为AK-12突击步枪以后，许多结构和细节都进行了重新设计。虽然仍被称为卡拉什尼科夫系列自动步枪，但实际上该枪的设计已经很大程度上与卡拉什尼科夫步枪迥异了。从现有资料分析，AK-12突击步枪的性能特点主要有以下几个方面。

● 枪托

AK-12突击步枪的枪托既可以折叠，也可以进行4段伸缩，以调节长度，并在枪托上装有托腮板和可调节上下的枪托底板。

● 快慢机

快慢机有半自动、三点发和全自动三种射击模式，全自动时理论射速为600发/分，三发点射时高达1000发/分。

● 机匣盖

AK-12的机匣盖与AK-200完全不同，其形状和固定方式都有所改进。

■ AK-12突击步枪枪机部位特写

■ AK-12突击步枪的保险旋钮

● 枪管

AK-12突击步枪的膛线、枪管制造精度和结构都较之前有所改进，从而大幅改善了射击精度、后坐力和枪口上扬情况。此外，还将枪口上安装的枪口装置改为细长的新型枪口制退器，并能发射国外的枪榴弹。

● 操作原理

AK-12的操作原理虽然是传统型卡拉什尼科夫样式长行程活塞传动型气动式和转栓式枪机闭锁机构，但重新设计枪机系统，其拉机柄不再与枪机呈现一体化式，而是改为可拆卸式。

● 护木

AK-12突击步枪护木的上下两面都通过螺丝加装了MIL-STD-1913战术导轨，底部的战术导轨不会影响到GP-25系列榴弹发射器的安装。

■ AK-12突击步枪及其专用的战术配件

2.7 美国AR-15突击步枪

影响力指数	★★★☆
枪械性能	★★★☆
技术创新	★★★☆
生产总量	★★
使用国家	★★
服役时长	★★★★

服役时间	1963年至今	产量	不详
口径	5.56毫米	弹容量	10发、20发、30发
全长	991毫米	枪口初速	975米/秒
枪管长	508毫米	射速	800发/分
重量	2.27~3.9千克	射程	550米

AR-15是一种由尤金·斯通纳研发的以弹匣供弹、具备半自动或全自动射击模式的突击步枪。

■ AR-15突击步枪

诞生历史

在AR-15之前,尤金·斯通纳设计了7.62毫米口径的AR-10突击步枪,并参与美军形式步枪的选型,但最终失败。之后,斯通纳又在该枪的基础上研制成功了发射5.56×45毫米弹药的AR-15突击步枪。该枪是第一种使用5.56毫米口径的步枪,被誉为开创小口径化先河的步枪。

在购得AR-10和AR-15的生产权后,柯尔特公司向美国军队大力举荐AR-15,并成为美国空军、海军及海军陆战队的制式步枪,编号M16。

在美国取得成功后,M16被销售到意大利、以色列、日本、巴拿马、菲律宾、巴基斯坦、墨西哥、土耳其、英国、瑞典、韩国、南非等全球数十个国家。此外,柯尔特公司还向民众和执法机关提供该枪的半自动型号(AR-15、AR-15A2)。

TIPS：

AR-15中的"AR"是阿玛莱特（Armalite）的英文简写，而非突击步枪（Assault Rifle）。

■ 陈列在博物馆中的AR-15早期型

主体结构

现在，除军用版M16外，民用版AR-15和其改型受到世界范围内射击运动爱好者以及警察们的青睐。AR-15的一些重要特征包括：

小口径、精度高、初速高；

合成的枪托和握把不容易变形和破裂；

导气管式自动方式；

航空级铝材的机匣；

模块化的设计使得多种配件的使用成为可能，并且带来容易维护的优点；

准星可以调整仰角；

表尺可以调整风力修正量和射程；

一系列的光学器件可以用来配合或者取代机械瞄具。

另外，半自动型号的AR-15和全自动型号的AR-15在外形上完全相同，只是全自动改型具有一个选择射击的旋转开关，可以让使用人员在三种设计模式中选择：安全、半自动以及依型号而定的全自动或三发连发。而半自动型号则只有安全和半自动两种模式可供选择。

■ 更富现代气息的AR-15改进型

■ 装有Aimpoint Comp M4瞄准镜的AR-15突击步枪

2.8 加拿大C7突击步枪

影响力指数	★★★
枪械性能	★★★
技术创新	★★★
生产总量	★
使用国家	★★
服役时长	★★★

服役时间	1986年至今	产量	20万支以上
口径	5.56毫米	弹容量	30发
全长	1006毫米	枪口初速	940米/秒
枪管长	508毫米	射速	700~900发/分
重量	3.3千克	射程	400米

C7是加拿大柯尔特公司（Colt Canada）为加拿大军队生产的制式突击步枪，为M16突击步枪的衍生型。

■ C7突击步枪右侧视图

诞生历史

C7突击步枪的设计与M16突击步枪绝大部分相同，是当年的加拿大迪玛科公司合法授权生产的。

早期的C7为柯尔特生产，型号为M715。基本型的C7与柯尔特M16A1E1和M16A2相似。此外，该系列突击步枪还衍生出了C8卡宾枪。C8卡宾枪的用户包括加拿大、荷兰、冰岛、英国、丹麦和挪威等。

C7突击步枪除了被加拿大军队采纳为制式步枪外，其他使用国还包括英国特种空勤团（SAS）和英国皇家海军陆战队、丹麦军队（制式步枪）、澳大利亚特种空勤团（SASR）、荷兰海军陆战队。丹麦于1995年引入C7A1，并改称为G M/95OP，第二年又引入C8A1，命名Kb M/96OP。

■ 加拿大士兵使用C7A2突击步枪进行日常训练

■ 由C7衍生而来的C8卡宾枪

■ 加拿大士兵使用的C7A1突击步枪

主体结构

C7突击步枪将使用MIL-STD-1913导轨适配器系统（Rail Adaptor System，RAS）取代原来的上护木，可加挂德国黑克勒·科赫公司研制的G36式40毫米枪挂榴弹发射器。此外，RAS也能安装包括战术手电筒、快速目标瞄准具、激光目标指示器和两脚架在内的其他枪械附件。

相比M16，该枪还改良了护木设计，加长枪托，采用提把照门亦没有风偏调节（M16A1式照门），冷锻碳钢枪管，可安装加拿大制M203A1榴弹发射器，具备全自动发射能力，配发20发或30发塑料弹匣，还能与M16的铝制弹匣通用。C7与M16的外形区别主要在于机匣铭文，C7突击步枪印有枫叶标记，并加强了拉机柄的强度。

衍生型号

■ C7A1
C7A1也叫C7FT，为C7的平顶型版本，该型将机匣顶部的提把照门移除，改为改良的Weaver战术导轨，并加上原本为C9轻机枪设计的瞄准镜，瞄准镜前端加装后备机械照门，护木前端更可加装3小段战术导轨以配合激光指示器等的配件。目前加拿大军队中C7与C7A1并存，C7A1在丹麦的名字叫G M/95OP。

■ LSW
LSW是迪玛科及柯尔特合作推出C7系列的班用机枪版本，名为迪玛科LSW（Diemaco Light Support Weapon）。该枪装有重枪管以提高持续火力，基本型的LSW只有全自动发射及保险模式，而丹麦军队版本加入单发模式。

■ C7A2
是加拿大军队参与2001年的阿富汗战争后对C7和C7A1的改进型，主要改进了战场实用性和可靠性。

■ C7CT
为C7的精确战术步枪版本，只能单发射击，采用浮置式比赛级锻碳钢重枪管，特制的握把和枪托，采用平顶设计以方便安装瞄准镜，配有两脚架装。

2.9 德国HK416突击步枪

影响力指数	★★★⯨
枪械性能	★★★
技术创新	★★★
生产总量	★⯨
使用国家	★⯨
服役时长	★

服役时间	2005年至今	产量	不详
口径	5.56毫米	弹容量	20发、30发
全长	797毫米	枪口初速	788米/秒
枪管长	264毫米	射速	700~900发/分
重量	3.02千克	射程	500米

HK416是由黑克勒·科赫公司结合G36突击步枪和M4卡宾枪的优点设计成的一款突击步枪。

TIPS：

黑克勒·科赫是一家德国位于巴登-符腾堡邦的枪械制造公司，在美国也有分部，其口号是"在这个妥协的世界，我们不妥协"。该公司生产了许多世界著名的武器，其中的佼佼者有MP5系列冲锋枪、MP7个人防卫武器以及G3和G36突击步枪等。

■ HK416突击步枪

诞生历史

HK416卡宾枪由黑克勒·科赫公司研制，项目负责人为美国三角洲特种部队退伍军人拉利·维克斯（Larry Vickers），该项目原本称为HKM4，但因柯尔特公司拥有M4系列卡宾枪的商标专利，所以黑克勒·科赫将其改称为"416"。

HK416突击步枪以G36突击步枪的气动系统在M4卡宾枪的设计上重新改造而成，现已成为完整的突击步枪推出。黑克勒·科赫公司曾欲以HK416参与美军特战司令部SCAR（SOF Combat Assault Rifle）标案的竞标，但由于该项目自身是政府赞助的，所以为了避免不公而被排除在外。

由于HK416沿用了很多M16枪系结构，且外形也与之相似，所以对惯用M16枪系的人来说很容易上手。该枪有多种衍生型号，其中主要有10英寸（1英寸=25.4毫米，下同）、14.5英寸、16.5英寸、20英寸枪管型，以及HK417、MR223、MR556、HK416C和HK M27 IAR等。

HK416在2007年7月美国陆军的测试场试射中获得优良成绩，其233次卡弹比M4卡宾枪的882次优秀不少，不过比XM8的127次和11次严重卡弹要逊色，第二名的FN SCAR-L突击步枪卡弹226次与HK416基本相当。

■ 装备HK416的挪威国防军士兵

TIPS：

HK416中的"HK"是黑克勒·科赫（Heckler & Koch）的缩写，"416"则据说是M4和M16的结合。

■ 使用HK416突击步枪的美军士兵

主体结构

HK416突击步枪采用了G36突击步枪的短冲程活塞传动式系统，枪管由冷锻碳钢制成，拥有很强的寿命。

该枪的机匣及护木设有共5条战术导轨以安装附件，采用自由浮动式前护木，整个前护木可完全拆下，改善全枪重量分布。枪托底部设有降低后坐力的缓冲塑料垫，机匣内有泵动活塞缓冲装置，有效减少后坐力和污垢对枪机运动的影响，从而提高武器的可靠性，另外亦设有备用的新型金属照门。

■ HK416突击步枪右侧视图

为全面提高武器在恶劣条件下的可靠性、全枪寿命以及安全性，HK416的枪管采用了冷锻成型工艺。优质的钢材以及先进的加工工艺，使得HK416的枪管寿命超过2万发。此外，HK公司还新研制了可靠性更高的弹匣以及后坐缓冲装置，使该枪的可靠性和精准性获得大幅提升。

对武器系统而言，供弹系统的可靠性是非常重要的。试想，在拿着步枪与敌人短兵相接时供弹系统突然发生故障，会产生什么样的后果。M16系列铝制弹匣的可靠性在恶劣环境下一直都受到质疑，如抱弹口变形、弹匣脱落等故障。HK公司针对这个问题专门推出了新型30发钢制弹匣。新弹匣采用优质钢材，加工工艺性好，弹匣表面做了亚光处理，托弹簧也做了强化处理，托弹板以及进弹口的公差尺寸控制精确。此外，HK416还配有只能发射空包弹的空包弹适配器，以杜绝误装实弹而引发的安全事故。

■ 可靠性极佳的HK416突击步枪

TIPS：

空包弹是指只有弹壳、少量装药以及底火的子弹，通常用于训练和演习，但在极近距离时依然有杀伤力。

作战性能

HK416突击步枪的用户包括澳大利亚陆军特种部队、巴西警察、保加利亚特种部队、加拿大特警队、法国陆军特种部队、德国特种部队、日本海上自卫队、葡萄牙特种部队、新加坡特种部队、英国特种部队、韩国特种部队和巴基斯坦军队等。

HK416在美国也有诸多用户，除美国本土的执法部门外，三角洲特种部队、非对称作战大队（Asymmetric Warfare Group）和"海豹"突击队这些特种部队也曾购买该枪，但数量不多，且美国陆军曾宣布不会大量采用HK416，因为军方认为特种部队应该采用官方的通用武器。

■ 特种兵使用加装了光学瞄准镜的HK416突击步枪

■ 手持HK416突击步枪监视目标的特战小组

流行文化

在游戏《战地之王》中，HK416是一款射速快、威力大的突击步枪，不过它也有着明显的缺点，那就是射程较低。其42的射程值相对较远距离的战斗而言是远远不够的。

在游戏《特种部队》中，HK416可通过在武器商城中花费80000SP购买，不过需要少尉以上的军衔才行。

在游戏《反恐精英》中，HK416各方面属性都比M4A1更好，在竞技模式和团队决战模式中都有着较好的发挥余地。

■《反恐精英》中的HK416突击步枪

2.10 法国FAMAS突击步枪

影响力指数	★★★★
枪械性能	★★★
技术创新	★★★★
生产总量	★
使用国家	★★★
服役时长	★★

服役时间	1978年至今	产量	40万支
口径	5.56	弹容量	25发、30发
全长	757毫米	枪口初速	960米/秒
枪管长	488毫米	射速	900~1000发/分
重量	3.61千克	射程	300米

■ FAMAS突击步枪

FAMAS（法文全名：Fusil d'Assaut de la Manufacture d'Armes de St-Etienne，意为"由圣艾蒂安生产的轻型自动步枪"）是法国地面武器工业集团（GIAT）生产的一款无托式突击步枪。

TIPS：

GIAT是历史悠久的法国军火制造商，其前身甚至可以追溯到1690年。目前该集团共拥有1.7万名员工，产品包含枪械、坦克、火炮和弹药等。

诞生历史

FAMAS突击步枪的设计开始于1967年，法国武器设计师特里耶和库拜开始研制低脉冲突击步枪。1970年8月，他们最终决定使用5.56毫米低脉冲子弹，主要是M193型5.56×45毫米雷明顿子弹。第二年，GIAT旗下的圣艾蒂安武器制造厂（MAS）研制出10支突击步枪样品进行试验，代号A1，使用结构上与M193子弹类似的5.56毫米子弹。1973~1976年，法国对这种新武器进行了全面试验，确认其适合用于军事用途，但是A5型步枪批量生产计划却被推迟，其主要原因之一是个别部件发现问题，特别是击发装置需要修正，加装3发短梭连续射击自动限动器。此后，该枪继续进行了一系列的改进，并于1978年开始服役。到1984年初，法国陆军所有前线部队都已换装5.56毫米F1步枪。

■ 使用FAMAS步枪值勤的法国士兵

■ 法国陆军士兵手持FAMAS Félin在战区巡逻

FAMAS最早的型号为F1,该枪采用25发直弹匣,单位造价约为1500欧元,一共生产了约40万支。虽然F1在乍得、黎巴嫩战事以及1991年伊拉克"沙漠风暴"行动中暴露出系列缺陷,都是Bull-pup(无托式)设计枪械所特有的,大部分与枪托上的部件配置有关。从整体上讲,F1步枪仍是一种相当可靠、高效的突击武器。

■ 装备FAMAS F1的法国外籍兵团第2外籍伞兵团

其后GIAT又在F1的基础上改进形成了G1型。G1步枪取消了连发限制器的弹簧按钮而保留了弹簧,扳机调整系统也进行了简化,并对机匣上的护木固定系统进行了改进,原来更换一个护木需要30分钟,而现在仅需要3分钟。尽管有些人推崇取消刺刀,然而G1还是保留了刺刀。与F1的刺刀相比,G1仅保留了刀身部分,把手和固定系统则都进行了改进。

1994年,GIAT又推出了新的FAMAS G2。G2步枪最大的改变是下塑胶盒,使用大尺寸扳机,结构上与澳大利亚AUG步枪类似。法国海军于1995年装备了20000支G2型,但陆军及外籍兵团则仍然继续使用F1型。

衍生型号

■ FAMAS G2
G1的改进型，使用30发北约STANAG（标准化协议）弹匣，基本内部设计与G1相同，目前已独立衍生出一个枪族。包括G2标准型（488毫米枪管）、G2狙击型（620毫米枪管）、G2突击型（450毫米枪管）和G2冲锋枪型（320毫米枪管）。该枪主要用于出口，不过法国海军也有装备。

■ FAMAS F1
最早期设计的型号，配25发直弹匣和两脚架，有缩短型和半自动型。现已停产，被FAMAS G1及G2取代，但在法军中仍有服役。

■ FAMAS G1
F1的改进型，移除枪榴弹发射装置，并提高最高射速。此外，该枪还从F1的约200个零部件改进到只有约150个，从而降低成本。现已停产，被G2取代。

■ FAMAS Félin
法军的未来单兵战斗系统（Fantassin à Équipements et Liaisons INtégrées）的改进版本，目前已装备部队。

主体结构

　　FAMAS突击步枪采用无托式设计，具有短小精悍的特点，弹匣置于扳机的后方，机匣覆盖有塑料。该枪有全自动、单发及安全三种保险模式，选择钮在弹匣后方。此外，还有一些FAMAS加入了三发点射模式。所有的FAMAS突击步枪都配有两脚架，以提高射击精度。握把中还可以存放装润滑液的塑料瓶，可通过握把底部的活门放入或拿出。

　　FAMAS的外形非常有特色，自带的两脚架，长长的整体式瞄具提把，枪机置于枪托内，抛壳方向可以左右两边变换。该枪无须安装附件即可发射枪榴弹，包括反坦克弹、人员杀伤弹、反器材弹、烟雾弹或催泪弹。而且GIAT为其研究了有俘弹器的枪榴弹，因此不需要专门换空包弹就可以直接用实弹发射。

在供弹系统方面，FAMAS F1型和G1型采用法国制25发5.56×45毫米NATO（北约）直型弹匣，而G2型则更换为30发STANAG弹匣，以增强国际市场竞争力。

TIPS：

无托结构也叫犊牛式，是枪械的一种设计。无托结构是将弹匣和机匣的位置改为扳机后方的枪托内，采用这种设计的步枪除FAMAS外，还有斯泰尔AUG、CR-21和A-91等。

■ 装上Aimpoint红点镜的FAMAS F1

■ FAMAS非常便于拆解维修

■ FAMAS步枪可以进行特殊角度射击

流行文化

FAMAS突击步枪首次在CS系列中亮相是出现在CS 1.6里,购买价格为2250,弹匣容量25发,常被CT在经济不佳时作为M4的替代品使用,且性能颇佳。

在CSOL游戏中,FAMAS突击步枪虽然弹容量较少,但射速快、稳定性好。

在《使命召唤:现代战争2》游戏中有FAMAS F1突击步枪出现,弹容量30发,5.56×45毫米口径,锁定为3发点射模式。多人游戏模式中的FAMAS为4级默认解锁。

在《穿越火线》游戏中,FAMS也是一款颇有特色的步枪,是游戏中射速最高,且唯一一把带3发点射功能的步枪。

在游戏《特种部队》中,FAMAS突击步枪的弹容量为30发,近距离威力极大。

此外,FAMAS突击步枪还是不少战争影片和警匪影片中的常客。

■ FAMAS突击步枪在电子游戏中极为常见

2.11 奥地利斯泰尔AUG突击步枪

影响力指数	★★★☆
枪械性能	★★★
技术创新	★★★
生产总量	★☆
使用国家	★★
服役时长	★★

服役时间	1978年至今	产量	不详
口径	5.56毫米	弹容量	30发、42发
全长	690~790毫米	枪口初速	940米/秒
枪管长	407毫米、508毫米	射速	680~800发/分
重量	3.8千克	射程	450~600米

TIPS:

"AUG"是德文"Armee-Universal-Gewehr"的缩写,意为"陆军通用步枪"。

斯泰尔AUG是奥地利斯泰尔-曼利夏(Steyr Mannlicher)公司推出的一款军用突击步枪,该枪是史上第一款正式列装、实际采用无托式设计的军用步枪。

第2章 突击步枪

■ AUG突击步枪

诞生历史

　　AUG突击步枪的研发最早可以追溯到20世纪60年代后期。当时奥地利军方装备的Stg.58步枪已经无法满足性能需求，于是寻求一款新型突击步枪，并提出了重量不大于美国的M16步枪；精度不低于比利时的FN FAL步枪；全长不得超过现代冲锋枪的长度；以及在恶劣环境中使用时可靠性不低于苏联的AK-47和AKM突击步枪的要求。原计划只发展步枪、卡宾枪和轻机枪3款枪型，但后来又增加了冲锋枪型，改枪发射9×19毫米弹药，正式名称为AUG-9毫米，也被人称为AUG伞兵冲锋枪（AUG-Para SMG）。

　　奥地利斯太尔-丹姆勒-普赫（Steyr-Daimler-Puch）公司的子公司斯泰尔-曼利夏有限公司（Steyr-Mannlicher GmbH, AT）负责AUG的研制计划，主设计师为霍斯特·韦斯珀、卡尔·韦格纳和卡尔·摩斯，而奥地利军事技术办公室的沃尔特·斯托尔（Walter Stoll）上校则负责监督研制计划的进程。

　　之后，在奥地利军方的要求下，AUG步枪与FN FAL、FN CAL、Vz58及M16A1等著名步枪进行了对比试验。在试验中，AUG的性能表现可靠，而且在射击精度、目标捕获和全自动射击的控制方面表现非常突出。1978年，奥地利军队正式将AUG采纳为制式步枪，并命名为Stg.77（意为"1977型突击步枪"）。之后，突尼斯、澳大利亚、新西兰、沙特阿拉伯和爱尔兰等国也相继购买AUG。从1997年开始，斯泰尔-曼利夏又开始生产AUG的新型号——AUG-A2。

■ 澳大利亚士兵装备的AUG突击步枪

■ 菲律宾海军陆战队已大量配发AUG突击步枪

衍生型号

■ AUG A1
标准型，枪管长508毫米，瞄准镜兼提把与机匣为一体的。该枪是奥地利陆军和其他装备AUG的国家大多数士兵所配备的型号，奥地利陆军的编号为STG77。

■ AUG A2
于1997年开始生产的改进型，与A1的不同之处在于：A2机匣上的瞄准镜可以卸去，换成一个M1913标准导轨。

■ AUG A3
主要是增加了皮卡汀尼导轨，此外还采用了新设计的榴弹发射器。

主体结构

　　AUG突击步枪采用无托结构，整枪长度在不影响弹道表现下缩短了约25%，并在大多数枪型上装配了1.5倍光学瞄准镜。该枪的弹匣为半透明式，以方便射手快速检视弹匣内子弹存量。

　　AUG突击步枪的控制系统可左右对换，扳机同时控制射击模式的选择。此外，该枪还是20世纪70～80年代中少数拥有模组化设计的步枪，其枪管能快速拆卸，并可与枪族中的长管、短管、重管互换使用。

■ AUG突击步枪的全比例模型

现在，AUG已经成为世界知名的无托式突击步枪，斯泰尔公司除原装生产外，还将生产权授予其他国家。例如马来西亚的SME军械公司在1991年获斯泰尔公司授权生产AUG，并在2004年跟斯泰尔公司共同生产。澳大利亚为其授权生产的AUG重新命名为F88，美国的微技术轻武器研究公司（Microtech Small Arms）及战术产品设计公司（Tactical Products Design）也有生产民用型号。

■ 一名澳大利亚士兵和他的标准型AUG突击步枪

TIPS：

无托结构步枪相比有托结构步枪而言最大的优势在于可在枪管长度相当的情况下大幅缩短步枪总长度，从而提高步枪的机动性和灵活性。

■ 加挂榴弹发射器和激光指示器的AUG步枪

流行文化

在游戏《穿越火线》中，AUG是一款性能优良的突击步枪，其最大特点是装有瞄准镜，非常时刻中远距离上的点射。其总体性能相当稳定。

在游戏《反恐精英》中，AUG是CT专用的武器，其弹容量为30发，弹匣更换时间3.39秒，射速8.47发/秒（正常模式），6.35发/秒（狙击模式）。

■ AUG突击步枪是游戏《反恐精英》中出现频率最高的武器之一

2.12 南非CR-21突击步枪

- 影响力指数 ★★★★
- 枪械性能 ★★★
- 技术创新 ★★★★
- 生产总量 ★★
- 使用国家 ★★
- 服役时长 ★

服役时间	1997年至今	产量	不详
口径	5.56毫米	弹容量	20发、35发
全长	760毫米	枪口初速	980米/秒
枪管长	460毫米	射速	600~750发/分
重量	3.72千克	射程	300~600米

TIPS：

CR-21的含义是"Compact Rifle – 21st Century（21世纪紧凑型突击步枪）"。

■ CR-21突击步枪

CR-21是一款南非生产的无托结构突击步枪。该枪由维克多武器公司设计及生产，改进自R4系列。

诞生历史

早在1972年，南非就向以色列军事工业公司（IMI）购买了加利尔系列步枪的特许生产证，之后由丹尼尔集团旗下的维克多武器公司对其进行改良，形成了R4系列步枪。R4系列步枪被南非军队大量装备，以取代老旧的R1 7.62毫米自动步枪。

进入20世纪90年代初，南非军队认为R4系列步枪太长，又已开始寻找新型制式步枪，因此维克多认为可以将R4改为无托结构设计，CR-21就是在这样的背景下应运而生。该枪首次公布于1997年的马来西亚的军备博览会，它采用无托结构设计，只能使用右手射击。

不过，在之后几年中CR-21的发展并不顺利，截至2005年，除了南非军队考虑、但却受到预算问题困扰外，CR-21仍然没有找到其他可能的客户。直到现在，该枪也只有委内瑞拉一家国外用户。

TIPS：

以色列军事工业公司（Israel Military Industries）又名IMI或Taas，是以色列著名的国有武器生产商，主要为以色列国防军提供小型武器和弹药。世界闻名的"沙漠之鹰"手枪就是出自以色列军事工业公司。

主体结构

由于采用了无托结构，TAR-21突击步枪拥有卡宾枪的长度以及步枪的枪口动能，同时还将士兵的轮廓最小化，大大增强了射手在巷战时的灵活性。

CR-21突击步枪是以R4系列步枪为基础并略为修改，以便将其改为无托结构设计，尽可能使用原来制造部件的概念以便降低重新设计机匣的成本，并保持其可靠性和降低其重量。该枪的枪身由高弹性黑色聚合物模压成型，左右两侧在模压成型后，经高频焊接成整体。其外壳分为主部和后上盖两个部分。主部大体上原封不动地组装了机匣与枪管组件，以及随枪的一些附件等。后上盖兼作机匣盖，通过塑料钩和主部扣合，顶部左右两侧都挖成大的弯曲度以协助瞄准；在使用者握持部分的内部嵌有防止烫手的塑料板。

■ 造型奇特的CR-21突击步枪

■ 电影《第九区》中出现的CR-21突击步枪

CR-21突击步枪的部分与斯泰尔AUG突击步枪相似，以握把护圈取代扳机护圈，以较长而平稳的滑动式扳机设计取代一般的钩状扳机，另外在握把上加上防滑纹以便射击时更稳定。设在扳机上部前方的手动保险是贯穿枪身的横闩式设计，从右侧压到左侧时出现红色标记即表示解除保险。位于枪身上方左侧的拉机柄不随枪机移动，在射击过程中停在前进位置。快慢机开关用聚合物制成，设置于枪托部分的左右两侧，上方为半自动射击位置，下方为全自动射击位置。

该枪既可以采用5发、10发、15发、20发、30和35发几种专用可拆式弹匣，也可以使用加利尔步枪和R4步枪的35发和50发弹匣。枪管内的膛线采用冷锻法加工制成，内膛镀铬以增强耐磨性，使用弹药为5.56×45毫米SS109步枪子弹。

2.13 比利时FN F2000突击步枪

影响力指数	★★★★
枪械性能	★★★
技术创新	★★★★
生产总量	★★
使用国家	★★★
服役时长	★★

口径	5.56毫米	弹容量	30发
全长	688毫米	枪口初速	910米/秒
枪管长	400毫米	射速	850发/分
重量	3.6千克	射程	500米

F2000是比利时国营赫尔斯塔尔公司（Fabrique Nationale公司，简称FN公司）研制的一款突击步枪，该枪于2001年3月在阿拉伯联合酋长国阿布扎比举行的展览会上首次正式亮相，目前已被不少国家的特种部队采用。

■ F2000突击步枪

诞生历史

F2000突击步枪的研制开始于1995年，当时FN公司着手研制一种新的武器系统，考虑到未来特种作战的需要，FN公司将模块化思想从始至终地贯穿到这个新产品的开发中。

为满足士兵在战场环境中很容易更换部件来适应不同情况的需求，该枪被设计为非常方便地更换各个模块，而且还为未来可能出现的新型部件留下了接口。

■ 装备F2000突击步枪的巴基斯坦空军部队

F2000的设计于2001年全部完成,带榴弹火控系统的型号也在之后的两年内完成。FN公司在成本、工艺性及人机工程方面苦下工夫,不但很好地控制了整枪质量,而且平衡性也很优秀,非常易于携带、握持和使用,同样也便于左手射手使用。

该枪的火控系统由芬兰的一家公司生产,该公司的火控系统注重简单性,将一些不必要的功能省略掉。相对于已有的40毫米榴弹瞄准方式,该火控系统的瞄准精度有明显改进,不但能适应于6种类型的40毫米榴弹,而且还可编程以适应未来的改进弹药,包括20毫米、30毫米或其他有特殊需求口径的榴弹。

■ 大兵手握F2000

■ 秘鲁海军陆战队人员使用F2000进行训练

衍生型号

■ F2000
最早推出的标准军用型,被多国军队装备。

■ F2000 Tactical
战术改良型,保留机匣顶部战术导轨,将原来的专用瞄准镜改为机械瞄具并加装三小段战术导轨及前握把。

■ FS2000
最初推出的半自动民用型。

■ FS2000 Tactical
2006年推出的半自动民用型,采用17.4英寸枪管。

主体结构

F2000采用无托结构,虽然有400毫米长的枪管,但全长仅688毫米。此外,F2000还默认使用1.6倍瞄准镜,在加装专用的榴弹发射器后,也可换装具测距及计算弹着点的专用火控系统。

F2000采用P90的混合式发射模式选择钮及前置式抛壳口,由一段经机匣内部、枪管上方的弹壳槽导引至枪口上抛壳口并向右自然排出,解决了左手射击时弹壳抛向射手面部及气体灼伤的问题。该枪发射5.56×45毫米NATO弹药及对应STANAG弹匣,射击时首发弹壳会留在弹壳槽内,直至射击至第三、四发后首发弹壳才会排出。

■ 装有背带的F2000突击步枪

■ 士兵手拿F2000相互掩护

TIPS:

弹着点是指枪弹、炮弹等射弹与地面、水面或目标表面的第一交点,与水面的第一交点又称"水柱"。

F2000的前护木可以卸下,换上一个由FN公司生产的40毫米口径的低速榴弹发射器。与常规的下挂式榴弹发射器不同,FN公司的榴弹发射器与步枪的其他部件在外形上构成一个有机整体,装上一个满弹匣后,武器系统的重心正好位于扳机附近。榴弹发射器的扳机位于步枪扳机护圈下方,很自然就能触摸到。尽管40×46毫米的榴弹存在局限性,但考虑到如要研制一种更有效的弹药,成本将会增加,也有市场风险,因此FN公司便为F2000保留了40毫米低速榴弹发射器。F2000采用可调节气体流量的短行程活塞传动系统,并发射5.56×45毫米NATO弹药及对应STANAG弹匣。

F2000的附件包括可折叠的两脚架及可选用的装手枪口上的刺刀卡笋,而且还可根据实际需求而在M1913导轨上安装夜视瞄具。此外,F2000还可配用未来的低杀伤性系统。由于F2000大量使用工程塑料,所以重量相较FAMAS、斯泰尔AUG和SA80等其他著名的无托式步枪更轻,所以非常适合特种部队使用。

流行文化

在《CSOL》中，F2000采用30发弹匣供弹，其特点是射速快、命中率稳定。不过该枪的重量也使得装备此武器的士兵的机动性下降。

《穿越火线》游戏于"全民挑战"版本中出现F2000突击步枪，该枪有"绿魔"和"红魔"两种版本，其获得方式为挑战模式500000分得黄金箱有机会获得，期限7天，700000分得水晶箱也可获得。

■ FN F2000《穿越火线》有着不俗的魅力

2.14 比利时FN FNC 突击步枪

影响力指数	★★★
枪械性能	★★★
技术创新	★★★
生产总量	★★
使用国家	★★★
服役时长	★★

口径	5.56毫米	弹容量	30发
全长	997毫米	枪口初速	965米/秒
枪管长	450毫米	射速	700发/分
重量	3.8千克	射程	450米

■ FNC 突击步枪

FNC是比利时FN公司于20世纪70年代中期生产的一种突击步枪，该枪在FN CAL的基础上改进而成。

诞生历史

20世纪70年代中期，为参加北约小口径步枪选型试验，比利时FN公司在FN CAL 5.56毫米突击步枪的基础上又研制一种新的FN FNC 5.56毫米突击步枪，并于1976年造出样枪，不过该枪因在试验中出现枪机突笋裂缝等故障而竞争失败。

后来，FN公司针对试验中暴露的问题对该枪进行了大量改进。其主要改进之处包括：增加机匣强度；加强枪托强度便于发射枪榴弹；设空仓挂机装置；改进前托、气体调节器和弹匣卡笋等。

1979年5月，FNC开始投入批量生产。目前，除比利时外，尼日利亚、印度尼西亚和瑞典等国家也有装备。

■ 陆军手中的FNC 突击步枪

主体结构

FNC突击步枪有两种不同长度的枪管:一种是膛线缠距为305毫米的标准枪管,发射美国M193枪弹;另一种是膛线缠距为178毫米的短枪管,发射比利时SS109枪弹。两种枪管可以互换使用。枪管用高级优质钢制成,内膛精锻成型,故强度、硬度、韧性较好,耐蚀抗磨。其前部有一圆形套筒,除可用于消焰外,还可发射枪榴弹。

在供弹方面弹匣,该枪采用30发北约标准STANAG弹匣。击发系统与其他现代小口径突击步枪相似,有半自动、三点发和全自动三种发射方式。枪口部有特殊的刺刀座,以便安装美国M7式刺刀。

■ 教官在教导士兵使用FNC突击步枪

TIPS:

STANAG弹匣是指北约制式5.56×45毫米口径步枪弹匣标准,这种标准是因为1980年北约提出"STANAG 4179",统一口径以易于各成员国间弹药及弹匣共用并降低后勤工作量。

FNC的导气系统是长行程活塞传动,转栓式枪机类似AK-47设计,准确度较高。FNC内置直立式枪榴弹发射标尺,调节导气孔后可发射枪榴弹,而且也能安装M203外挂式榴弹发射器。枪托为折叠式设计,采用管状铝合金制成,外表面有塑料保护层,中间用一塑料支撑块支撑,此外,也可选用固定式塑料枪托。在瞄准装置方面,该枪既可以使用机械瞄准具,也能安装光学瞄准镜。表尺可横向调整。发射枪榴弹时,可作瞄准具用的气塞架折叠在准星上方,截断进入活塞筒的气流,以保证火药气体压力全部作用于枪榴弹的尾部。

2.15 比利时FN SCAR突击步枪

影响力指数	★★★
枪械性能	★★★
技术创新	★★★★
生产总量	★★
使用国家	★★
服役时长	★

服役时间	2007年至今	产量	不详
口径	5.56毫米、7.62毫米	弹容量	30发、20发
全长	889毫米、965毫米	枪口初速	870米/秒、714米/秒
枪管长	355毫米、400毫米	射速	550~600发/分
重量	3.12千克、3.26千克	射程	500米、600米

SCAR是SOF Combat Assault Rifle（特种部队战斗突击步枪）的简称，由比利时FN公司于2007年7月开始小批量量产，并有限配发给军队使用。

■ FN SCAR突击步枪

诞生历史

SCAR突击步枪是比利时FN公司为了满足美军特战司令部（USSOCOM）的SCAR标案而制造的现代化突击步枪，由FN公司美国南加卡罗莱纳州哥伦比亚厂制造。

SCAR项目于2004年初开始竞标工作，参与竞标的公司除比利时FN美国分公司外，还有美国柯尔特公司、罗宾逊公司、骑士武器公司、COBB制造公司，以及德国黑克勒·科赫公司等。同年11月，美军特战司令部正式宣布位于美国南卡罗莱纳州的FN美国分公司在SCAR项目竞争中胜出，并给出第二批SCAR样枪的生产合同。2005年4月20日，美军特战司令部宣布已经与FN美国分公司共同完成了SCAR步枪的第二次关键设计评估，并提出继续改进的建议。

■ 身穿伪装服、手持SCAR突击步枪的士兵

■ 雪地中使用SCAR突击步枪进行防卫

2007年9月至11月期间，美国陆军于"亚伯丁测试场"对SCAR突击步枪进行一项沙尘测试，并与M4卡宾枪、HK416和已停止开发的HK XM8同台竞技，这四种枪型各取10支，总计发射60000发子弹，目的是评定M4步枪的枪械性能。该次测试中，SCAR突击步枪卡弹226次，逊于XM8的127次卡弹，比M4卡宾枪的882次和HK 416突击步枪的233次要好，所以，SCAR被认为是可取代M4步枪的候选者之一。

2008年，FN公司宣布半自动版型的SCAR将有可能向美国民间市场开放销售，现在销售的型号为SCAR 165。

诞生历史

SCAR的机匣由上下两部分组成，用两个十字销连接在一起，其中上机匣采用铝冲压制成，下机匣则主要采用聚合物材料制作。SCAR枪族有两种版本，即轻型版（SCAR-L）和重型版（SCAR-H）。两个版本的上机匣基本相同，只是抛壳窗的尺寸有些差别。其他的不同之处主要包括枪管、枪机、下机匣和弹匣等。

SCAR的两个版本都能改装为狙击和近身距离作战型态，该枪从头到尾不间断的战术导轨在铝制外壳的正上方排开，两个可拆式导轨在侧面，下方还可挂任何MIL-STD-1913标准的相容配件，其握把能与M16互换，弹匣和弹匣释放钮也与M16相同，惯于使用M16

的士兵很容易对该枪上手。SCAR-L主要发射北约5.56毫米/.223雷明顿弹,更换枪管后还可以发射其他口径的弹药,当发射5.56×45毫米MK262MOD1弹时,枪口初速为802米/秒,弹头为5克重的空尖比赛弹头。SCAR-H则主要发射北约7.62毫米弹,不过其弹膛设计具有广泛的弹药适应性,能发射其他种类的弹药,包括俄罗斯以及世界各国广泛使用的7.62×39毫米M43弹以及为美国特种部队开发的6.8×43毫米雷明顿特种弹(SPC弹)等。

此外,SCAR突击步枪的前准星还可以折下,以免遮挡瞄准镜或是光学瞄准器,采用的"Tappet式"的气体闭锁系统与早期的M1卡宾枪类似。

■ 沙地中SCAR突击步枪

■ 手持SCAR在森林中巡逻的美军士兵

流行文化

在游戏《逆战》中,SCAR是一款精度较高,且具有强大停止力的突击步枪,SCAR-S更是拥有迷彩绚丽的外表,且稳定性更佳。

在游戏《使命召唤:现代战争2》中,SCAR是141特遣队、美国75游骑兵和影子部队等精锐部队的装备之一,该枪射速较慢,但威力很大,是一支非常好用的步枪。

在游戏《战地2》中,SCAR-L是特种兵的第三支解锁武器。

在《穿越火线》中,SCAR是CF点武器,其中L版的特点是头两发子弹精度较高,持枪移动速度快,缺点是射速慢、后坐力大;H版的特点是子弹威力大,但持枪速度一般,且同L版一样射速慢、后坐力大。

■ 《战地2》游戏海报

2.16 德国HK G36突击步枪

- 影响力指数 ★★★☆
- 枪械性能 ★★★
- 技术创新 ★★★☆
- 生产总量 ★☆
- 使用国家 ★☆
- 服役时长 ★☆

服役时间	1995年至今	产量	不详
口径	5.56毫米	弹容量	30发、100发
全长	999毫米	枪口初速	920米/秒
枪管长	480毫米	射速	750发/分
重量	3.6千克	射程	800米

G36是德国黑克勒·科赫公司于1995年推出的一款发射5.56×45毫米北约制式弹药的现代化突击步枪。

■ HK G36突击步枪

诞生历史

早在20世纪80年代，黑克勒·科赫公司就已经向德军提交了G11及G41突击步枪，但两者都未能被德军采纳。进入20世纪90年代后，为取代老式的G3步枪，德国联邦国防军提出了新的制式步枪计划，并提出了新枪的招标要求，除了总重、弹药、射击精度、枪管长度等各项外，还提出以下与G3步枪明显不同的特殊要求：配备光学瞄准具，此瞄准具需能配合夜视仪器使用；自动方式必须为导气式；左右手都能直接操作的射击方式选择杆。

■ 士兵聚精会神地用G36突击步枪在进行瞄准射击

为竞标该计划，黑克勒·科赫公司对应的研制出HK50步枪（黑克勒·科赫公司没有公布G36的研制时间，多数人认为是在1990年）。1993年9月，德国联邦国防技术署对开始对新式步枪进行评选工作，从中获胜的是德国本土的HK50、奥地利的AUG和英国的L85A1。在最终的评选中，L85A1因故障率高的原因被首先淘汰掉，之后AUG也因两段式扳机系统而落败，于是HK50胜出。

1995年,德国联邦国防军决定采用HK50,并要求黑克勒·科赫公司对其进行改良,同时给予其军用代号Gewehr 36(36号步枪),简称G36突击步枪。德国原计划从1995年开始装备第一批G36和MG36,但第一批枪支的交付时间却推迟到1996年下半年,不过整个联邦国防军的换装过程比预定计划提前。1997年12月,德国联邦国防军在哈默堡举行了一个换装仪式,当哈默堡步兵学校司令将一支G36步枪和一支P8手枪授予一名陆海空三军代表的士兵后,德国士兵正式告别已使用35年之久的G3步枪。

20世纪90年代末,西班牙和挪威也引入G36突击步枪。英国陆军虽然也亦有引入小量G36作制式武器评估,但最终没有大量取代原本的L85A2。此外,G36亦是多个国家军队及警队的武器,包括美国国会警察及洛杉矶警局(之后被HK416取代)、英国各个应变部队、法国警察总署特勤队、葡萄牙共和国民警卫、荷兰警队、波兰警察(G36C、G36E)、菲律宾海军特种作战部队及轻装快速反应部队(LRB)、葡萄牙海军陆战队、葡萄牙空军、立陶宛特种部队(G36及AG36)、泰国皇家"海豹"部队和联合国维和部队(G36K)等,而且还在一些21世纪爆发的武装冲突中出现。

■ G36突击步枪是步兵战斗小组中的重要火力来源

衍生型号

G36最初有4种主要型号，所有的型号都采用相同的机匣，仅仅是枪管长度和外形、护木的长度及枪托上有差异。枪托、护木和枪管都可以在野战部队方便地更换而变成其他的型号。标准长度的突击步枪称为G36，该步枪已大量装备国防军；尺寸较短的卡宾步枪名为G36K，装备战斗车辆成员、特种部队和执法部门；班用轻机枪型命名为MG36，但因缺少订单而停产；枪族中最短的型号G36C于2000年5月首次公开其大小与MP5冲锋枪接近，主要适用于反恐部队和特警队的室内近战武器。

● G36标准型步枪

基本型，采用3倍放大率的光学瞄准镜，可在光学瞄准镜前方的提把上安装前置式NVS80夜瞄具，该瞄具中的棱镜可将增强的图像折射到瞄准镜上。

● G36型卡宾枪

采用318毫米枪管，折叠式枪托。

● G36K型短步枪

短枪管型，采用英国激光制品公司的休尔费尔战术灯和激光瞄准镜，普通瞄具为框式表尺，表尺射程350米，可下挂40毫米AG36榴弹发射器。采用了与标准型G36不相同的枪口消焰器。

按照标准型设计的外销型号，采用1.5倍的光学瞄准镜。

● G36KE型步枪

G36K型短步枪的外销型号，共有三种，提把与德国军用版略有不同。

● G36型狙击步枪

与运动步枪一样，采用拇指孔枪托和可调式贴腮板，枪管为振动小的厚壁枪管，击发机构改造成单发射击，扳机扣力更加平稳，机匣上面的提把改为大型的瞄准镜座导轨，弹匣容弹量5发。

- MG36型轻机枪

G36标准型安装加厚的重型枪管、C-MAG弹鼓以及折叠式两脚架而成。

- G36C型短步枪

为特种部队研制的专门武器，是在G36K的基础上进一步缩短，全枪仅长720毫米，重量也减至2.8千克。

- SL-9SD狙击步枪

由SL-8运动步枪改进，重枪管，有消音器，只可采用拇指开孔型握把，射击效果不错，军方采用。

- SL-8运动步枪

半自动，滚柱闭锁（类似于G3），用特殊结构使其只可使用20发以下弹匣。

主体结构

G36的机匣内嵌有不锈钢导轨，其钢板骨架中间冲孔以减轻重量。这个钢架同时也是G36系统的核心——枪管节套与钢骨架是一体注塑在机匣中，而枪机则是沿着这个导轨形钢骨架运动，同时也起到抗拉力的作用。有人认为G36的机匣比较脆弱，事实上其厚达2毫米的钢板骨架非常坚固（AKM突击步枪的冲压钢机匣厚度不过才1.5毫米），且聚合物在受压时可以变形和迅速恢复形状而不会凹陷或破碎。虽然没有实证，但是导致G36机匣永久性变形的压力很可能和采用传统材料的设计相等。

■ G36突击步枪特写

■ 士兵手拿G36突击步枪藏身杂草中

G36突击步枪采用转栓式枪机、短行程活塞导气系统设计，比M16突击步枪的气动系统更加可靠。优良的人体工学设计也使射手可非常灵活地操作，并能对应AG36 40毫米榴弹发射器及AK-74式刺刀。弹匣卡笋是短板式，位于弹匣座后面，左右手均可操作，将其向弹匣方向压即能取出弹匣。抛壳口在机匣右侧约一半高度的位置。这样，空弹壳就可以以稍微向下的角度抛出。在闭锁状态时，枪机会封住抛壳口，因而不需要抛壳口防尘盖。

所有型号的G36皆附有折叠枪托，折叠时不妨碍排壳口运作，枪机拉柄在机匣上方，左右手皆可操作。机匣以碳纤维聚合物制造，清枪分解时无须专用工具。该枪发射5.56×45毫米北约标准弹药，精确度较佳，从100米外以半自动模式快速射击，弹着点的圆概率误差分布在2～2.5英寸（5.08～6.35厘米）之间。设计模式有单发、2发点射、3发点射和全自动发射，取决于不同型号的扳机组，配备30发透明塑料弹匣，弹匣上附有弹匣连接扣，也能对应专用的Beta C-Mag100发弹鼓。

■ G36突击步枪火力十足

流行文化

在游戏《战地之王》中有两个版本的G36，一个是新手送的G36，该枪威力较小，因此大部分玩家不喜欢使用该枪，但由于精度和稳定性极高，所以也有一部分高手称为隐藏的神器。另一个版本为商城G36 Rail，该枪的精度和稳定性非常高，且射速较高，非常适合新手使用，但也比较破坏手感。

在游戏《使命召唤4》中，G36是一把不错的枪，精度高，瞄准器模式下连续射击很稳定，但威力相对较小，并没有被普遍使用。在单人游戏中多以G36C的形式出现，多人游戏中亮相的则是标准型。

2.17 德国HK G41突击步枪

- 影响力指数 ★★★
- 枪械性能 ★★★
- 技术创新 ★★★
- 生产总量 ★
- 使用国家 ★★
- 服役时长 ★★

口径	5.56毫米	弹容量	20发、30发、100发
全长	997毫米	枪口初速	950米/秒
枪管长	450毫米	射速	850发/分
重量	4.1千克	射程	100~400米
重量	3.6千克	射程	800米

G41（德语：Gewehr 41）是一款德国黑克勒·科赫公司于1981年研制和有限数量生产的突击步枪。

■ G41突击步枪

诞生历史

G41突击步枪是黑克勒·科赫公司为取代老化的G3自动步枪而开发，但因造价昂贵而未能得到德国国防军的青睐，最终被后来出现的G36所取代。由于没有一个军队或是执法机关大规模装备该枪，所以黑克勒·科赫公司于1996年将其从公司的目录中删除，并停产。但意大利军火生产商路易吉·弗兰基曾获得该枪的生产权。

主体结构

G41突击步枪是以7.62毫米口径的G3自动步枪为基础研制的，采用滚轮延迟反冲式操作系统。其枪机头是由两片式枪机结构所组成，其中包含两个用于闭锁的滚轮和斜楔式闭锁片，连接到一个沉重的枪机机框。发射时，由点燃子弹火药而来的高压气体所产生的压力会施加压力到枪机中，然后转移到滚轮。滚轮会在延伸自枪管的闭锁位置依靠着并且取代了闭锁块，并作为延迟反冲到适当水平的后壁。斜楔式闭锁片会保持按照几何规则制成的两个凸轮向后的带动偏移量，而向后速度是大于枪机。这样能确保子弹已离开枪管，并使滚轮完全缩回以前，枪口的压力下降到安全水平。

■ 手持G41突击步枪的德国士兵　　■ 战场上的G41突击步枪

G41以击锤来协助射击，快慢机有安全—半自动—点射—连射（S—E—3—F）四种模式，表示标志是子弹形图像，它也可以充当为一个安全说明书，以防止无意之间发射。在选择"安全"时，扳机组件和相关的系统会被自动锁上。

该枪发射5.56毫米北约制式弹药，弹匣为铝制，容量30发。弹匣释放按钮的位置位于步枪左侧的弹匣上方。

2.18 以色列加利尔（Galil）突击步枪

影响力指数	★★★★	服役时间	1972年至今	产量	不详
枪械性能	★★★	口径	5.56毫米	弹容量	35发、50发
技术创新	★★★	全长	742毫米	枪口初速	980米/秒
生产总量	★★	枪管长	460毫米	射速	630~750发/分
使用国家	★★	重量	4.35千克	射程	300~500米
服役时长	★★				

加利尔Galil（希伯来文：גליל הבור）是以色列军事工业公司于20世纪60年代末研制的一种步枪，由以色列·加利尔（Yisrael Galili）和雅各布·利奥尔（Yaacov Lior）于1971年设计。有5.56×45毫米和7.62×51毫米两种口径，其中5.56×45毫米型为突击步枪，7.62×51毫米是自动步枪。

第2章 突击步枪

■ 加利尔突击步枪

诞生历史

第一次中东战争后,由于以色列国防军(IDF)大量采用各种旧式枪械,所以面临着弹药种类多和维修保养难的后勤难题。

1955年,以色列国防军从开始采用由以色列军事工业公司生产的乌兹冲锋枪,但冲锋枪的火力和射程远无法和步枪相比,所以同年又采用了FN FAL作制式步枪,并命名为 "טמור" (Romat,自动装填步枪的缩写)。

Romat在之后的第二次中东战争和第三次中东战争中均有使用,特别是在第三次中东战争时更成为了制式步枪。但是,Romat步枪体积大、重量大和经常需要清洁的缺点让许多士兵不满,甚至一些士兵丢弃手中的Romat而改用AK-47、M16A1或是乌兹冲锋枪等武器。于是,以色列决定研制一种更适合以色列沙漠环境使用的步枪,很快新枪就被研制出来,这就是加利尔(Galil)突击步枪。

■ 杂乱中加利尔突击步枪最显眼

衍生型号

■ 加利尔 AR
标准型,有5.56毫米和7.62毫米两种口径的版本。

■ 加利尔 SAR
卡宾枪型,SAR是Short Assault Rifle的缩写。采用短枪管,有5.56毫米和7.62毫米两种口径的版本。

073

■ 加利尔 MAR
近身距离作战型（Close Quarters Combat，CQC），保留了原始加利尔内部功能，但使用了一些新的设计和进一步缩短的枪管，只有5.56毫米一个口径。

■ 加利尔 ARM
轻机枪型，ARM是Assault Rifle Machine-gun的缩写。采用重枪管、可折叠式提把和两脚架，同样有5.56毫米和7.62毫米两种口径的版本。

主体结构

加利尔突击步枪是以芬兰制Rk 62为基础设计的，改进了沙漠环境的适应性，并装上M16A1的枪管、斯通纳63的弹匣和FN FAL的折叠式枪托，再加上Rk 62本身又是源于苏联的AK-47，所以加利尔可以算是集世界各名枪特点为一体。

早期加利尔的机匣与Rk 62机匣类似，采用低成本的金属冲压方式生产，但由于5.56×45毫米弹药的膛压较高，所以又将生产方式改为较沉重的铣削，这使得加利尔的重量大幅增加，相比口径的步枪要偏重一些。机匣内部的转栓式枪机的两个锁耳可以令加利尔的膛室进入闭锁状态。加利尔的击发和发射机构与M1加兰德步枪基本相同，击锤上有2个钩，扳机连杆带动2个阻铁，即第一阻铁（击发阻铁）和第二阻铁（单发阻铁）。AK-47的击锤簧兼作扳机簧，加利尔步枪则将其缩短，使其不能作为扳机簧，但增加了一个扳机扭簧。

■ 手持加利尔突击步枪等待指令的士兵

■ 城市战士兵使用加利尔突击步枪

该枪有两个快慢机,机匣右侧的那个形状与AK47的相似,在握把上方。快慢机有3个位置,分别为S(为保险)、A(全自动)和R(半自动)。当装定于保险位置,它既能关闭机柄导槽,起防尘作用,又限制了机框的运动,使枪处于保险状态。此时,机柄可向后拉以检查膛内有无枪弹,但是枪机向后的行程却不足以装弹入膛。加利尔的拉机柄位置与AK-47一样,但向上弯曲,这样左右手都能方便使用。

在供弹方面,加利尔有3种容量的钢制弹匣,分别为12发、35发和50发。如果要使用M16的20发或30发弹匣,则需要加上一个弹匣适配器,不过这是专为出口到美国的民用型半自动加利尔配备的。南非R4的弹匣也能与加利尔的通用。虽然大容量的弹匣能加强火力,但机动性差,不利于卧姿射击,而且弹匣本身供弹可靠性也相对要差一些。通常情况下,每名士兵将携带2个50发弹匣、8个35发弹匣和1个12发弹匣,弹药总数接近400发。

在不完全分解时,加利尔步枪大致可分为六个组件,其分解步骤与AK-47突击步枪相同:第一步是卸下弹匣,并检查膛内是否有子弹;然后向前推复进簧导杆,上抬机匣盖并取下;取出复进簧和导杆将机柄向后拉,机框和枪机向上抬起,离开机匣;再转动枪机,自机框中分解出枪机。该枪所有的外部金属表面都经过了耐腐蚀性的磷化处理,并涂上黑色油漆。

2.19 韩国K2突击步枪

影响力指数	★★★
枪械性能	★★★★
技术创新	★★★
生产总量	★★
使用国家	★★★
服役时长	★★

服役时间	1984年至今	产量	不详
口径	5.56毫米	弹容量	20发、30发
全长	970毫米	枪口初速	920米/秒
枪管长	465毫米	射速	700~900发/分
重量	3.26千克	射程	600米

■ K2突击步枪

K2突击步枪是韩国大宇集团生产并装备韩国陆军的突击步枪，该枪发射5.56×45毫米北约制式弹药。

K2是一支坚固、耐用且较为精确的突击步枪，深得韩国士兵的喜爱。该枪的护木、握把和可折叠枪托均由高强度聚合物制成，枪机系统由M16突击步枪衍生而来，气动系统是从加利尔突击步枪衍生而来（加利尔的气动系统由AK-47衍生而来），所以比M16更为可靠。该枪以20或30发弹匣供弹，使用与M16突击步枪相同的弹匣。膛线为六条右旋，缠距7.3英寸。

不少人认为同为大宇集团生产的K1卡宾枪是K2突击步枪的卡宾枪型号，但事实上K1卡宾枪与K2突击步枪有较大的区别，将其作为一种独立的卡宾枪更为合理。这是因为：K2膛线缠距243毫米，而K1的膛线缠距400毫米，更加适合发射FN SS109 5.56毫米步枪弹；K1的研发比K2要早；K1采用和M16突击步枪相同的直导式（Direct impingement）气体作用装置，而K2步枪采用AK-47式的活塞气体系统。

■ K2突击步枪

2.20　南非R4突击步枪

- 影响力指数 ★★★☆
- 枪械性能 ★★★
- 技术创新 ★★★
- 生产总量 ★☆
- 使用国家 ★☆
- 服役时长 ★★☆

服役时间	1980年至今	产量	420000支
口径	5.56毫米	弹容量	35发、50发
全长	740毫米	枪口初速	980米/秒
枪管长	460毫米	射速	600~750发/分
重量	4.3千克	射程	500米

第2章 突击步枪

■ R4突击步枪

R4是南非于20世纪80年代在以色列加利尔突击步枪的基础上改良而成的一款突击步枪。该枪发射5.56×45毫米NATO弹药，主要用于取代南非军队装备的7.62×51毫米的R1自动步枪（FN FAL的衍生型）。

诞生历史

R4突击步枪主要由利特尔顿兵工厂（Lyttleton Engineering Works，LIW）生产，但该兵工厂又因各种原因而停产，于是维克多（Vektor）公司继续生产。

在R4突击步枪服役之前，南非军队装备的7.62×51毫米口径的R1、R2和R3步枪性能已经落后于现代小口径步枪，进入20世纪80年代后，南非开始跟随西方国家以5.56 NATO作新式步枪的口径，并决定以自行生产的Galil AR改进型作制式步枪，命名为R4，后来更衍生出R5、R6、LM4、LM5和LM6。

R4突击步枪是以以色列的加利尔突击步枪为基础合法授权改良而成，它保留了AK-47优良的短冲程活塞传动式、转动式枪机，并采用加利尔的握把式射击模式选择钮和机匣上方的后照门及L形拉机柄，还使用了更加轻便的塑料护木。

■ R4突击步枪、弹夹、背包、制服

2.21 美国REC7突击步枪

- 影响力指数 ★★★☆
- 枪械性能 ★★★
- 技术创新 ★★★☆
- 生产总量 ★★
- 使用国家 ★☆
- 服役时长 ★

口径	6.8毫米	弹容量	30发
全长	845毫米	枪口初速	810米/秒
枪管长	410毫米	射速	750发/分
重量	3.46千克	射程	600米

■ REC7突击步枪

REC7是M16突击步枪和M4卡宾枪的基础上改进而成的一款突击步枪,由因生产M82和M107反器材步枪而著名的巴雷特生产。

REC7于2004年开始研发,采用6.8毫米口径。不同于以往的M4/M16取代方案(如被取消的XM8),REC7并非是一支全新设计的步枪,它只是用巴雷特公司生产的一个上机匣搭配上普通M4/M16的下机匣而成,所以能够和M4、M16共用大多数零部件,也能轻易地安装在美军现有的M4、M16步枪上。

REC7突击步枪采用了新的6.8毫米雷明顿SPC(6.8×43毫米)弹药,其长度与美军正在使用的5.56毫米弹药相近,因此可以直接套用美军现有的STANAG弹匣。

6.8毫米 SPC弹在口径上较5.56毫米NATO弹要大不少,装药量也更多,其停止作用和有效射程比后者要强50%以上,虽然枪口初速比5.56毫米弹药稍低,但其枪口动能为5.56毫米弹药的1.5倍。

REC7突击步枪的护木为ARMS公司生产的SIR护木,能够安装两脚架、夜视仪和光学瞄准镜等配件。此外,这种护木还包括一个折叠式的机械瞄具。

■ REC7突击步枪唯美照

■ 装有瞄准镜的REC7突击步枪

2.22 英国SA80突击步枪

影响力指数	★★★
枪械性能	★★★
技术创新	★★★
生产总量	★
使用国家	★★★
服役时长	★★★

服役时间	1985年至今	产量	约35万支
口径	5.56毫米	弹容量	30发
全长	785毫米	枪口初速	900米/秒
枪管长	518毫米	射速	610~775发/分
重量	3.82千克	射程	450米

SA80是一款英国生产的发射5.56×45毫米NATO弹药的无托结构突击步枪，英军编号为L85。

■ SA80突击步枪

TIPS：

SA80的含义是"Small Arms for the 1980s"，翻译为中文即"1980年代的轻武器"。

SA80突击步枪的研制最早可以追溯到20世纪70年代，英军从80年代中期开始将该枪列为制式武器，以代替FN FAL系列的SLR L1A1，并将其命名为命名L85。直到今天，经改进后的L85A2仍在英军中服役。此外，L86轻武器、短枪管L22卡宾枪和L98教练用枪都是SA80系列的成员。

SA80枪族主要有4种衍生型号：L85A1/L85A2个人武器步枪（IW Rifles）、L86A1/L86A2 LSW、L22A1/L22A2卡宾枪和L98A1/L98A2训练用步枪。其中L86LSW是作为班支援武器使用，它采用了更长更厚的枪管，因此获得更高的枪口初速。此外，在枪管下方附有双脚架，枪托下方也多设有一个握把，且枪托底板设计有一肩膀固定夹，以保持该枪在连续射击时的稳定性。

■ SA80突击步枪在进行精准测试

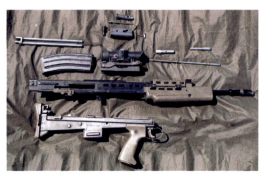

■ 简单拆解后的SA80突击步枪

2.23 瑞士SIG SG 550突击步枪

- 影响力指数 ★★★
- 枪械性能 ★★★★✯
- 技术创新 ★★★★✯
- 生产总量 ★★✯
- 使用国家 ★★✯
- 服役时长 ★★★✯

服役时间	1986年至今	产量	约60万支
口径	5.56毫米	弹容量	5发、20发、30发
全长	998毫米	枪口初速	905米/秒
枪管长	528毫米	射速	700发/分
重量	4.1千克	射程	100~400米

■ SIG SG 550突击步枪

SG 550也叫Sturmgewehr 90，是由瑞士Swiss Arms AG公司设计及制造的一款突击步枪，该枪被世界多个国家的军队及执法部门采用。

■ 瑞士军队大量装备SG 550突击步枪

TIPS：

Swiss Arms AG是瑞士的一家枪械生产商，2000年前叫SIG Arms AG，原本为SIG（瑞士工业集团）的子部门之一，后被母公司出售。Swiss Arms AG在美国也设有分公司，名为SIG Sauer（前称SIGARMS）。

诞生历史

20世纪70年代末期，瑞士军队计划研制一种新的小口径步枪以取代过时的Stgw 57（SIG 510）。新枪使用的弹药在5.6×48毫米伊格尔（Eiger）和6.5×48毫米 GP80两种之间进行选择。原型枪有两种，分别为SIG公司在SG 540的基础上改进而成的SG 541和国营伯尔尼兵工厂的C42。

■ SG 550突击步枪装上消声器

后来，瑞士军队选中了SIG公司的方案，由于采用了北约5.56×45毫米作为制式弹药，所以要求需要对SG 541进行改进。1983年，改进后的SG 541正式被瑞士军队采用，并定型为90式突击步枪（Sturmgewehr 90），或简称Stgw 90。但由于财政上的原因，90式突击步枪直到1986年才开始投入生产。

衍生型号

■ SG 550
标准型。

■ SG 551 SWAT
SG 551的警用型。

■ SG 552
超短管军用突击型。

■ SG 551
卡宾枪型。

■ SG 553
超短管军用突击型的改进型，可整合战术导轨。

第2章 突击步枪

TIPS：

SG 550突击步枪在众多的突击步枪中被认为是最准确的。

■ SG 550 Sniper
狙击型。

主体结构

　　SG 550系列突击步枪的结构与FNC步枪和AK-47步枪较为相似，它采用长行程导气活塞的自动方式，活塞杆与机框相连，枪机头有两个大型闭锁凸耳。但与之不同的是复进簧绕在活塞杆上，位于枪管上方。活塞头有自动关闭功能，当进入导气箍内的少量火药气体推动活塞，使机框后坐的时候，活塞头又会暂时关闭导气孔，减少了进入导气管中的气体，而且导气管上有一个向外排泄多余气体的气孔，因此导气管中的气体量被限制在较少状态，以避免活动部件的剧烈运动。

　　此外，在导气箍上还设有一个气体调节器，有两个大小不同的导气量和一个关闭挡位。枪口上装有直径22毫米的"鸟笼"式消焰器，其中SG 550的枪口消焰器可直接发射北约标准枪榴弹，也可以对应Swiss Arms AG公司生产的SIG GL5040枪挂式榴弹发射器。

■ SG 550突击步枪上的气体调节器

■ SG 550突击步枪可安装刺刀

SG 550的下护木可安装可拆卸式两脚架,不使用时可折叠在护木的两脚架收容槽内。而聚合物枪托则可折叠在机匣右侧。弹匣为半透明塑料制成,瑞士军队装备的SG 550步枪只配发20发弹匣,但SIG公司还生产了5发、10发、20发和30发容量的弹匣,通常海外用户使用的SG 550标准型会采纳30发弹匣。

SG552的枪管和活塞杆都很短,复进簧被移到机匣后面的机框内部上方。虽然复进簧设在这个位置可能会受到导气活塞和活塞筒的极端工作温度影响,从而缩短了弹簧的使用寿命,但瑞士军队的试验证明这种设计有利于提高连发时的射击精度。

2.24 俄罗斯SR-3突击步枪

影响力指数	★★★★
枪械性能	★★★
技术创新	★★★
生产总量	★
使用国家	★★
服役时长	★

服役时间	1996年至今	产量	不详
口径	9毫米	弹容量	10发、20发、30发
全长	610毫米	枪口初速	295米/秒
枪管长	156毫米	射速	900发/分
重量	2千克	射程	200米

SR-3"旋风"(Vikhr)是由俄罗斯中央研究精密机械制造局研制并生产的一款9毫米口径紧凑型全自动突击步枪。

■ SR-3突击步枪

诞生历史

20世纪90年代,俄罗斯中央精密机械工程研究院以AS Val微声自动步枪为蓝本研制了"紧凑型突击步枪"。该枪没有使用笨重的整体式消声器,并将原来安装在消声器上的准星更改到枪管口位置。初期试验改装型被命名为MA,即Malogabaritnyj Avtomat(小型自动步枪)的简写,代号"旋风"。

MA的初步测试完成后，中央精密机械工程研究院又将该项目的枪械命名为RG-051，为让步枪尽可能地紧凑和隐蔽，研究院继续进行着更加深入的研制工作。1991年，首批试产的RG-051正式交付给克格勃进行测试。5年后，通过广泛性实战测试的RG-051被正式定型为SR-3，并继承之前的代号"旋风"。

之后，SR-3突击步枪被俄罗斯联邦安全局、俄罗斯联邦警卫局等部门所正式采用，主要用作要人保护。虽然SR-3突击步枪体积娇小，但也能对付身着重型防弹衣或是躲在汽车和其他坚硬掩体后方的敌人，所以俄罗斯的一些精锐反恐部队也对这种适合近距离作战的突击步枪青睐有加。

■ SR-3突击步枪结构紧凑

俄罗斯联邦安全局采用SR-3突击步枪后，又向设计部门反馈了一些新的操作要求，其中包括要求提升该枪的人体工学和配件安装能力等。进入21世纪，中央精密机械工程研究院对SR-3进行改进后衍生出了SR-3M（俄语：СР3М），目前已被俄罗斯各地的联邦安全局和特警队少量使用。

主体结构

由于SR-3突击步枪是由AS Val微声自动步枪改进而成，所以不论是自动原理还是击发结构都与之相同。该枪采用气动式操作原理，位于枪管上方的长行程气动活塞与枪机机框以刚性连接，转栓式枪机机头具有6个锁耳。机匣采用锻压钢加工而成，有结实耐用的特点。该枪的枪口配有一个紧凑型枪口制退器，但不能安装消声器。上翻折叠式枪托由钢板冲压件制造，上翻折叠后可大幅降低整枪长度，配合该枪所采用的更简单的小型机械瞄具，非常便于隐蔽携带。

■ SR-3突击步枪安装瞄准器

SR-3的聚合物护木前上方设有一对左右对称的滑块状拉机柄，拉机柄在射击时不会跟随着枪机一起运动。在枪机机框右侧具有一个水滴形状的凹坑，内部具有锯齿型防滑纹。如果发生闭锁不完全或是需要手动闭膛时，射手可以用手指借由这个凹坑强行将枪机推向前方，以完成闭锁。其扳机和击发机构与AS Val相同，都采用了平移式击锤。击锤簧位于枪机复进簧的下方，两个弹簧组的弹簧导杆和聚合物枪机缓冲器一起安装在枪尾。

SR-3发射9×39毫米亚音速步枪弹，原本配备10发和20发可拆卸式弹匣，后来根据用户要求又研制了容量更大的新型30发聚合物制或钢制可拆卸式弹匣。SR-3和SR-3M均采用上翻式调节的机械瞄准具，射程分别设定为攻击100米和200米以内的目标，准星和照门都装有护翼以防损坏。但由于该枪的瞄准基线过短，且亚音速子弹的飞行轨弯曲度太大，所以实际用途与冲锋枪相近，令其实际有效射程仅为100米。不过，这种9×39毫米亚音速步枪弹的贯穿力还是比冲锋枪和短枪管卡宾枪强上许多，能在200米距离上贯穿8毫米厚的钢板。

■ SR-3突击步枪特写照

2.25 德国StG44突击步枪

- 影响力指数 ★★★☆
- 枪械性能 ★★★☆
- 技术创新 ★★☆
- 生产总量 ★
- 使用国家 ★
- 服役时长 ★★★

服役时间	1944~1945年	产量	约42.6万支
口径	7.92毫米	弹容量	30发
全长	940毫米	枪口初速	685米/秒
枪管长	419毫米	射速	500~600发/分
重量	4.62千克	射程	300米

StG44突击步枪（Sturmgewehr 44）也叫MP44，德国在二战时期研制并装备的一款突击步枪，它是首先使用短药筒的中间型威力枪弹并大规模装备的自动步枪，为现代步兵史上划时代的成就之一。

■ StG44突击步枪

■ "小个子"士兵和"大个子"StG44

■ StG44突击步枪右侧视角

传统步枪有着较大的射程和威力，但单发的射击模式使其在现代战争中越来越力不从心，所以自动步枪注定会取代传统步枪。但试验证明，20世纪初的标准步枪弹药对自动步枪来说威力过大，在连发射击时很难控制精度，而且这种步枪弹的重量也较大，不利于单兵携带。于是，进入30年代后期，德国陆军开始研究一种威力稍小的短药筒弹药，以便能更好地对应全自动步枪。

1941年，德国经过反复试验后成功研制出一种规格为7.92×33毫米的短药筒弹药。这种子弹的长度比当时德军使用的7.92×57毫米标准步枪子弹短了不少，在发射药减少的同时还削减了弹头的重量，当然，有效射程也相应缩短。这种短弹后来被称为中间型威力枪弹，之后基于这种弹药的新型自动步枪也很快被研制出来。

■ StG44突击步枪及其发射的弹药

  1942年,黑内尔公司设计出一款使用7.9×33毫米短枪弹的原型枪——MKb42,该枪采用导气式自动原理,枪机偏转式闭锁方式,有单发和连发两种射击模式可选,由容量30发子弹的弧形弹匣供弹。性能优秀的MKb42很快就被德军选中,并受到前线部队的欢迎。但后来却因难以打击400码(365.76米)以外的敌人而禁止生产,为了绕过这个禁令,它借用了冲锋枪的命名方式,命名为MP43(Maschinenpistole 43)。MP43进行了改进,选择单发射击时处于闭膛待击状态,可以达到精确射击效果。

  为了加速生产,德国开始对MP43的生产工艺进行简化。1944年,改进后的MP43被定名为MP44。MP44具有冲锋枪的猛烈火力,连发射击时后坐力小易于掌握,在400米距离内拥有良好的射击精度,威力也接近普通步枪弹,且重量较轻,便于携带。该枪成功地将步枪与冲锋枪的特性相结合,受到前线部队的广泛好评。1944年4月,该枪被正式改称为Sturmgewehr 44(44型突击步枪),简称StG44,并优先生产。之后,由于纳粹德国濒临战败,StG44未能普遍装备德军。

  二战结束后,苏联曾将部分缴获的StG44作为军事援助输送到世界其他国家。

第3章　狙击步枪

狙击步枪是一种用于杀伤近距离重要单个有生目标的高精度步枪，通常配有光学瞄准镜或夜视瞄准具。狙击步枪的枪管经过特别加工，精度非常高，射击时多以半自动方式或手动单发射击。

3.1 美国巴雷特M82狙击步枪

影响力指数 ★★★★★
枪械性能 ★★★★★
技术创新 ★★★★
生产总量 ★★★★
使用国家 ★★★★★
服役时长 ★★★

M82是美国巴雷特公司研制的重型特殊用途狙击步枪（Special Application Scoped Rifle，SASR），主要有M82A1和M82A2两种型号，包括美军特种部队在内的许多西方国家军队都有使用。

■ 巴雷特M82狙击步枪

服役时间	1989年至今	重量	14千克
口径	12.7毫米	弹容量	10发
全长	1219毫米	枪口初速	853米/秒
枪管长	508毫米	最大射程	6800米

诞生历史

M82源自朗尼·巴雷特（Ronnie Barrett）建立的使用12.7×99毫米NATO（.50 BMG）口径弹药的半自动狙击步枪专案。该口径弹药原本是勃朗宁M2HB重机枪所用。M82于20世纪80年代早期开始研发，1982年造出第一把样枪并命名。1986年，巴雷特研发出M82A1。1989年，瑞典率先采购了100支M82A1。

■ 为M82A1M狙击步枪安装瞄准镜

1990年，美军宣布全面采用M82A1，并在科威特的"沙漠之盾"和"沙漠风暴"行动中攻击伊拉克军，首次采购的125支先配备于美国海军陆战队，陆军和空军也接着订购。1987年，更先进的M82A2无托式步枪研发成功，降低后坐力的设计使其可以手持抵肩射击而不必使用两脚架，但M82A2并没有很成功地打入市场，很快就停产了。M82枪族最新的产品是M82A1M，被美国海军陆战队大量装备并命名为M82A3 SASR。其他衍生自M82A1的还有M82A1A等。

衍生型号

■ M82A1狙击步枪
美军唯一的"特殊用途的狙击步枪"，可以用于反器材攻击和引爆弹药库。

■ M82A1狙击步枪
美军唯一的"特殊用途的狙击步枪"，可以用于反器材攻击和引爆弹药库。

■ M82A2狙击步枪
采用短枪管、犊牛式设计，性能更为优异。

■ M82A3狙击步枪
M82A1做了许多修改才变成M107，新特征就是加长的战术导轨，后握把和脚架插口。

主体结构

M82狙击步枪采用气动式工作原理,射击时枪管将后坐约25毫米,并由回转式枪机安全锁住。短暂后坐后,枪栓被推入弯曲轨,然后扭转将枪管解锁。解锁后,枪机拉臂瞬间退回,枪管转移后坐力的动作完成循环。之后枪管固定且枪栓弹回,弹出弹壳。当撞针归位,枪机从弹匣引出一颗子弹并送进膛室,而扳机弹回撞针后方位置。该枪的膛室分为上、下两部分,由薄钢板冲压而成并以十字栓固定。枪管设有凹孔增加散热和减重,还装有大而有效的枪口制动器。此外,该枪还可安装瞄准镜和折叠式机械瞄准具,以备不时之需。

■ 美军使用M82狙击步枪进行阵地防御

■ 美军士兵使用M82狙击步枪完成考试科目

作战性能

M82是美军唯一的"特殊用途的狙击步枪"(SASR),可以用于反器材攻击和引爆弹药库。它具有超过1500米的有效射程,甚至有过2500米的命中纪录,超高动能搭配高能弹药,可以有效摧毁雷达站、卡车、战斗机(停放状态)等战略物资,因此也称为"反器材步枪"。由于M82可以打穿许多墙壁,因此也被用来攻击躲在掩体后的人员,不过这并不是其主要用途。除了军队以外,美国很多执法机关也钟爱此枪,包括纽约警察局,因为它可以迅速拦截车辆,一发子弹就能打坏汽车引擎,也能很快打穿砖墙和水泥,适合城市战斗。美国海岸警卫队还使用M82进行反毒作战,有效打击了海岸附近的高速运毒小艇。

2012年12月29日,据《澳洲每日电讯报》报道,澳大利亚第二特种突击团的两位狙击手在阿富汗的乌鲁兹甘省从2815米的距离上用M82A1射杀了一名塔利班指挥官,同时也刷新了英军下士克雷格·哈里森(Craig Harrison)在2009年11月创下的2475米长距离狙击记录。不过目前尚不知道到底是谁射出的子弹命中的目标,因为当时是两人两枪同时开火,结果只有一枪命中。

■ 美国海军陆战队成员使用M82狙击步枪练习射击

■ 美军士兵使用M82进行移动靶射击训练

流行文化

M82狙击步枪曾出现在许多电影和电视里，如《第一滴血4》（Rambo Ⅳ，2007）、《狙击精英：重装上阵》（Sniper：Reloaded，2010）、《拆弹部队》（The Hurt Locker，2008）、《迈阿密风云》（Miami Vice，2005）和《犯罪现场调查：纽约》（CSI: New York，2004）等。值得一提的是，大多数电影对其性能都有所夸大，有的甚至说它能打下客机。实际上M82只能打中停放的飞机，只有超乎常人的射手才有可能在10发弹匣内打落高速飞行的飞机（假设在射程内）。

在电脑游戏中，M82狙击步枪同样频繁出现。如网络游戏《穿越火线》中，M82A1的威力最大，是该游戏中唯一能在穿过木门或者箱子后无需击中头部却依然能一击毙命的枪支。此外，《三角洲特种部队》、《美国陆军》、《潜龙谍影》、《战地》和《使命召唤》等电子游戏都曾出现M82狙击步枪。

■ M82狙击步枪是游戏中的常见道具

3.2 英国AW狙击步枪

- 影响力指数 ★★★★
- 枪械性能 ★★★★★
- 技术创新 ★★★★
- 生产总量 ★★★★
- 使用国家 ★★★★★
- 服役时长 ★★★

AW是英国精密国际公司（Accuracy International, AI）北极作战（Arctic Warfare, AW）系列狙击步枪的基本型，自从20世纪80年代问世至今，该枪在平民、警察和军队中均很普及。

■ AW狙击步枪

服役时间	1988年至今	重量	6.5千克
口径	7.62毫米	弹容量	10发
全长	1180毫米	枪口初速	850米/秒
枪管长	660毫米	有效射程	800米

诞生历史

PM/L96狙击步枪装备部队后，精密国际公司仍根据英军提出的要求继续改进，最终在1990年停止生产PM/L96，转而生产新的改进型——AW狙击步枪。英军马上采用了这种新型步枪，并重新命名为L96A1。AW原本只有7.62毫米NATO口径型，1998年又推出了5.56毫米NATO口径型。精密国际以AW为基础，陆续推出了一系列不同类型的狙击步枪，包括警用型AWP、消声型AWS、Magnum型AWM和.50 BMG口径型AW50等。此外，上述型号中均有被称为F型的折叠枪托型，如AW-F或AWM-F。

除英国外，有超过40个国家购买了AW系列狙击步枪。1983年，瑞典国防部将PM选为制式狙击步枪，7年后瑞典军方又采用了新的AW狙击步枪，并正式命名为PSG90，采购了超过1000支。1998年，德军采用.300Winchester-Magnum（0.300英寸温彻斯特-马格南，或是7.62×67毫米）子弹的AWM-F并命名为G22。2000年，澳大利亚选择了AW-F的一种改进型，命名为SR98。此外，比利时、爱尔兰、新西兰的军队，还有加拿大、阿曼、美国等不同国家的执法机构都有使用AW系列狙击步枪。

衍生型号

■ AWP狙击步枪
执法机构使用的AW改型。

■ AS50半自动步枪
使用12.7×99毫米NATO（.50 BMG）枪弹的半自动步枪。

■ AE狙击步枪
AW的简化版本，尽管不如AW系列坚固，但价格却下降了很多。

■ AW50狙击步枪
经过重新设计，使用12.7×99毫米NATO（.50 BMG）枪弹。

■ AWM狙击步枪
使用大威力枪弹的改型，其中使用.338 Lapua Magnum枪弹的又称AWSM（Super Magnum）。

■ AWF狙击步枪
除了具备可折叠枪托外，与普通AW没有区别。

■ AWS狙击步枪
又名AWC（Covert），具备消声器，易于拆卸。

主体结构

　　AW标准型的机匣长225毫米,圆柱部直径30.5毫米,抛壳口位于机匣右侧,长78毫米。机匣由一整块实心的锻压碳钢件机加而成,壁厚,底部和两侧较平,整体式的瞄准镜导轨通过机加生产在机匣顶部。机匣通过弹匣座附近的螺丝固定在一个铝合金底座上。机头上周向均匀排列有3个经过热处理的闭锁凸笋,闭锁时枪机旋转60度,通过3个闭锁凸笋与固定在机匣前桥上的闭锁环扣合而实现闭锁。闭锁环螺接在机匣内弹头入口处,这样既简化了枪管的制造,又可在闭锁间隙增大后对闭锁环进行更换。枪机后部拉机柄周围有数条纵向铣槽,能在枪体进水并结冰的情况下保证枪机不会冻结,射手仍可以完成装填动作。拉机柄稍微向后弯,而不像一般狙击步枪那样向下弯曲。

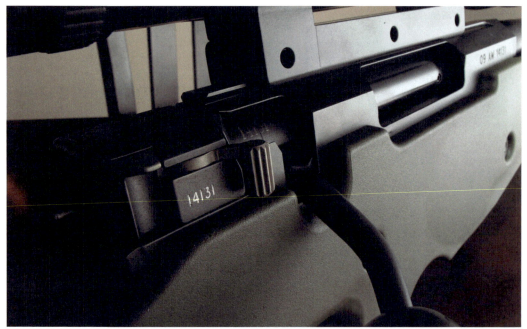

■ AW狙击步枪的枪机部位特写

■ 展览中的AW狙击步枪

■ AW狙击步枪可选用的瞄准镜类型较多

AW的不锈钢枪管螺接在机匣正面，浮置式枪管的设计使准确性只受到枪管因素的决定，不被其他因素所左右。枪膛内有6条右旋膛线，缠距为305毫米。枪口制退器为可选配件，英军装备的L96A1则没有安装制退器。AW采用两道火扳机，扳机力可以在1.5～2千克之间调节。枪托为后托带拇指孔的运动型枪托设计，小握把是其组成部分。枪托材料为纤维增强尼龙，由左、右两部分组成，其中一侧可从底座上拆出来以便维护作业。如果有需要，可在后托上增加托腮板，托腮板也是通过螺柱固定在底座上。折叠式的AW-F枪托在小握把后端上部与肩托连接部位有一铰链，按一下枪托右侧铰链处的按钮，后托可向左折叠，并通过一个孔套扣住位于扳机上部的突起锁定在折叠位置。

　　AW配用的瞄准镜一般为MkⅡ军用瞄准镜，这是由精密国际设计并由德国的施密特·本德公司生产。MkⅡ有4种不同规格，分别为固定倍率的6×42和10×42，可变倍率的（3～12）×50和（4～16）×50。精密国际设计的密位点分划即使在较暗的目标背景中也较容易地辨别出来，而且有辅助测距线。当瞄准镜损坏或对付近距离内突然出现的目标时，射手可利用后备机械瞄具应急。AW的折叠式两脚架由合金钢制成，通过前托内的一个通孔，用螺柱直接闩在底座上，并用一锁紧装置锁定，其安装、拆卸都很方便。两脚架可向前或向后折叠。

作战性能

　　AW/L96A1改进了PM/L96的枪机，操作更快捷，只需向上旋转60度和拉后107毫米，这种设计的优点很明显：射手在操作枪机时头部能始终靠在托腮处，因而狙击手可以一边保持瞄准镜中的景象一边抛出弹壳和推弹进膛。而且该枪机还具有防冻功能，即使在零下40摄氏度的温度中仍能可靠地运作，而这一点也是英军特别要求的。事实上，"北极作战"的名称便源于其在严寒气候下良好的操作性。

　　AW/L96A1能达到0.75MOA的精准度，据说在550米距离上发射船形尾比赛弹的散布直径能小于51毫米。北约测试中心曾进行了25000发的可靠性测试，表明AW的枪管非常耐用。而在不降低狙击精度的情况下，其枪管寿命可达5000发。

流行文化

　　作为世界上最著名的狙击步枪之一，AW系列经常出现在各类影视剧中，其中AW基本型便曾出现在《生化危机：启示录》（Resident Evil：Apocalypse，2004）、《曼谷杀手》（Bangkok Dangerous，2008）和《刺杀游戏》（Assassination Games，2011）等影片中。

3.3 苏联/俄罗斯SVD狙击步枪

影响力指数 ★★★★★
枪械性能 ★★★★✬
技术创新 ★★★✬
生产总量 ★★★★
使用国家 ★★★★★
服役时长 ★★★★★

SVD（俄语"德拉贡诺夫狙击步枪"的缩写）是由苏联设计师德拉贡诺夫在1958~1963年间研制的半自动狙击步枪，也是现代第一支为支援班排级狙击与长距离火力支援用途而专门制造的狙击步枪。

■SVD狙击步枪

服役时间	1967年至今	重量	4.3千克
口径	7.62毫米	弹容量	10发
全长	1225毫米	枪口初速	800~830米/秒
枪管长	620毫米	有效射程	800米

诞生历史

SVD狙击步枪的研发可以追溯到1958年，当时苏联提出设计一种半自动狙击步枪的构想，要求提高射击精度，又必须保证武器能够在恶劣的环境条件下可靠地工作，而且必须简单轻巧紧凑。苏军在1963年选中了由叶夫根尼·费奥多罗维奇·德拉贡诺夫设计的半自动狙击步枪，用以代替莫辛-纳甘M1891/30狙击步枪。通过进一步的改进后，在1967年开始装备部队。

衍生型号

■SVDS狙击步枪
SVD的空降/突击兵版本，于20世纪80年代开发。

■SVU狙击步枪
SVD的犊牛式·改进型，枪管长度缩短至520毫米，枪身全长870毫米。

主体结构

SVD采用导气式工作原理,其发射机构可以看作是AK47突击步枪的放大版本,但更简单。为了提高射击精度,SVD采用短行程活塞的设计,导气活塞单独地位于活塞筒中,在火药燃气压力下向后运动,撞击机框使其后坐,这样可以降低活塞和活塞连杆运动时引起的重心偏移。由于SVD发射的弹药威力比AK47配用的弹药威力大得多,因此重新设计了枪机机头,并强化以承受高压。不过由于只能单发射击,所以击发机构比较简单,主要零件是击锤、单发杠杆以及靠机框控制的保险阻铁,有单独的击锤簧和扳机簧。

■ SVD狙击步枪可以站姿发射

SVD枪管前端有瓣形消焰器,设有5个开槽,其中3个位于上部,2个位于底部,可在一定程度上减轻枪口上跳。SVD标配的瞄准镜是4×24毫米的PSO-1型瞄准镜,瞄准镜全长375毫米,其安装座只能装在机匣左侧。此外,该枪在准星座下方有一个刺刀座,可选择性地安装刺刀,这一点与目前绝大多数的狙击步枪都不一样。

■ SVD狙击步枪及其10发弹匣

作战性能

随着莫辛-纳甘M1891/30狙击步枪的退役,SVD成为苏军的主要精确射击装备。但由于苏军狙击手是随同大部队进行支援任务,而不是以小组进行渗透、侦察、狙击以及反器材/物资作战,因此SVD发挥的作用有限,仅仅将班排单位的有效射程提升到800米,更远距离的射击能力则受限于SVD光学器材与枪支性能。即便如此,SVD的可靠性仍然是公认的,这使SVD被长期而广泛地使用,在许多局部冲突中都曾出现。

流行文化

SVD曾出现在许多影视作品中,如《绝密飞行》(Stealth,2005)中,亚洲某国的军人就使用了SVD狙击步枪;《碟中谍3》(Mission:Impossible Ⅲ,2006)中出现了两种狙击武器,即M82A1和SVD狙击步枪;《X战警前传:金刚狼》(X-Men Origins:Wolverine,2009)中,丹尼尔·海尼饰演的"零号专员"也使用了SVD狙击步枪。

■ 战壕中的SVD狙击小队

3.4 德国PSG-1狙击步枪

- 影响力指数 ★★★★☆
- 枪械性能 ★★★★★
- 技术创新 ★★★
- 生产总量 ★★★
- 使用国家 ★★★
- 服役时长 ★★★★

PSG-1是德国黑克勒·科赫公司研制的半自动狙击步枪,是世界上最精确的狙击步枪之一。该枪精准度高、威力大,但不适合移动使用,主要作用于远程保护。

■ PSG-1狙击步枪

服役时间	20世纪70年代至今	重量	8.1千克
口径	7.62毫米	弹容量	5发、20发
全长	1200毫米	枪口初速	868米/秒
枪管长	650毫米	有效射程	1000米

诞生历史

1972年慕尼黑奥运会惨案中,缺乏专业狙击武器的联邦德国警察无法迅速与恐怖分子交战,造成人质大量伤亡。之后,黑克勒·科赫公司受命研发一种高精度、大容量弹匣、适合警用的半自动步枪,并最终在G3突击步枪的基础上开发出了PSG-1狙击步枪。

PSG-1的主要使用者为德国警察部队和特种部队,此外还包括英国、美国、加拿大、马来西亚、日本、西班牙、挪威、印度尼西亚、波兰和委内瑞拉等国的军警用户。

衍生型号

■MSG90狙击步枪
H&K公司在PSG-1基础上改进的军用型。

主体结构

PSG-1狙击步枪的基本结构与G3突击步枪相同,采用滚轮锁定、延迟反冲式半自动的枪机作用方式。为了在射击时依靠枪管自身的重量减小枪管的振动,使用了加厚的重型枪管,而且枪口部位没有安装消焰器、制动器之类的任何枪口装置。枪膛是4条膛线的多角形膛壁,弹头和枪管壁的摩擦减到最少。该枪还有一个特别装置让枪机上膛闭锁时不发出声响,增加隐密性。

■ PSG-1狙击步枪的枪机部位特写

PSG-1的握把为比赛步枪用的握把,塑料枪托的长度可调,枪托上的贴腮板高低可调,射手可以调节到最舒适的长度和高度。射手可以选用两脚架或三脚架支撑射击,两脚架比较方便,但如果要求高精度,用三脚架会更稳定。此外,该枪不像其他军用狙击步枪那样装有应急的机械瞄具,而只采用望远式瞄准镜。

■ 人机工效优秀是PSG-1狙击步枪的突出特点

作战性能

PSG-1狙击步枪大量使用高技术材料,并采用模块化结构,各部件的组合很合理,人机工效设计比较优秀。比如扳机护圈比较宽大,射手可以戴手套进行射击;重心位于枪的中心位置,全枪稳定性较好;全枪长度较短,肩背时不易挂住障碍物,射手可以随意坐下或在林间穿行。PSG-1的精度极佳,出厂试验时每一支步枪都要在300米距离上持续射击50发子弹,而弹着点必须散布在直径8厘米的范围内。这些优点使PSG-1受到广泛赞誉,通常和精锐狙击作战单位联系在一起。

PSG-1的缺点在于重量较大,不适合移动使用。此外,其子弹击发之后弹壳弹出的力量相当大,据说可以弹出10米之远。虽然这对于警方的狙击手来说不是个问题,但很大程度上限制了其在军队的使用,因为这很容易暴露狙击手的位置。

流行文化

在林超贤执导的电影《神枪手》(Sniper,2009)中,O仔(陈冠希饰)在训练时使用的狙击步枪便是PSG-1。除此之外,影片中还出现了M82、SVD、G3/SG1和L115A3等狙击步枪。

PSG-1在电子游戏中经常出现,如《合金装备》、《秘密潜入2:隐秘行动》、《三角洲特种部队6》、《使命召唤:黑色行动》、《特种部队OL》和《自由之心OL》等。

■ 游戏中的PSG-1狙击步枪

3.5 美国M107狙击步枪

- 影响力指数 ★★★
- 枪械性能 ★★★★★
- 技术创新 ★★★
- 生产总量 ★★★
- 使用国家 ★
- 服役时长 ★

M107是巴雷特公司在美国海军陆战队使用的M82A3狙击步枪的基础上发展而来,能够击发大威力12.7毫米口径弹药。该枪曾被美国陆军物资司令部评为"2004年美国陆军十大最伟大科技发明"之一,现已被美国陆军全面列装。

■ M107狙击步枪

服役时间	2005年	重量	12.9千克
口径	12.7毫米	弹容量	10发
全长	1448毫米	枪口初速	853米/秒
枪管长	737毫米	最大射程	6812米

诞生历史

1999年,巴雷特M95狙击步枪被美军选中参与XM107选型,但未能选中。由于已有预算分配给XM107,因此后来美军寻求新型长程枪支时,为了避免预算问题复杂化,决定将新购买的M82命名为M107。2003年9月,巴雷特公司赢得了M107项目生产合同,由位于新泽西州皮卡汀尼兵工厂负责生产。目前,美国陆军已经批准了M107的全面列装,这意味着该项目已经通过了严格的试验和评估。

■ M107的高性能收到美军狙击手的欢迎

主体结构

M107是一种12.7毫米口径的半自动狙击步枪,由于采用了大型枪口制退器和退缩式枪管,加上枪支本身重量较大,因此后坐力被控制在可接受的范围内。与M82相比,M107的战术导轨有所加长,后握把和脚架插口也进行了改进。整套M107系统包括步枪、可拆卸的10发弹弹匣、可变倍率的昼用瞄准具、运输箱、战术软包装箱、清洗和维护设备、可拆卸背带、可调节两脚架和使用指南。美国陆军还计划加装可显著减小枪口喷焰、噪音和枪口冲击波特征的消焰器,对M107进行改进。

■ 正在瞄准练习的美军狙击手

作战性能

M107使美国陆军狙击手能够在1500～2000米距离外精确射击有生力量和技术装备目标。该枪主要用于远距离有效攻击和摧毁技术装备目标,包括停放的飞机、计算机、情报站、雷达站、弹药、石油、燃油和润滑剂站、各种轻型装甲目标和指挥、控制和通信设备等。在反狙击手任务中,M107系统有更远的射程,且有更高的终点效应。

流行文化

在2007年电影《生死狙击》(Shooter)的故事开头时,M107狙击步枪曾被史瓦格用以打下敌军的武装直升机。

3.6 美国麦克米兰TAC-50狙击步枪

影响力指数 ★★★☆
枪械性能 ★★★★☆
技术创新 ★★★☆
生产总量 ★★
使用国家 ★★★
服役时长 ★☆

TAC-50是一种军队及执法部门用的狙击武器,由美国麦克米兰兄弟步枪公司(McMillan Brothers Rifle Co.)在1980年推出。该枪也是加拿大军队从2000年起的制式"长距离狙击武器"(LRSW),发射比赛级弹药的精度高达0.5MOA。

■ TAC-50狙击步枪

服役时间	2000年至今	重量	11.8千克
口径	12.7毫米	弹容量	5发
全长	1448毫米	枪口初速	850米/秒
枪管长	736毫米	有效射程	2000米

诞生历史

TAC-50是由美国麦克米兰兄弟步枪公司在1980年推出的反器材步枪。2000年,加拿大军队将TAC-50选为制式武器,并重新命名为"C15长程狙击武器"。美国海军"海豹"突击队也采用了该枪,命名为Mk 15狙击步枪。除此之外,TAC-50的用户还包括法国海军突击队、格鲁吉亚陆军特种部队、约旦特别侦察团、波兰陆军特种部队、南非警察特别任务队、土耳其陆军山区突击队、以色列特种部队和秘鲁陆军等。

■ 高精度使TAC-50广受欢迎

TIPS:

MOA(Minute of Angle)是一个角度单位,用于表示射击精确度,1 MOA即为1/60度。据称狙击步枪MOA值的测试是在指定距离上以50发冷枪管发射的枪弹在靶上形成的圆周进行测试的。

■ 使用TAC-50狙击步枪的美军士兵

主体结构

TAC-50 采用手动旋转后拉式枪机系统，装有比赛级浮置枪管，枪管表面刻有线坑以减轻重量，枪口装有高效能制动器以缓冲12.7毫米口径的强大后坐力，由可装5发子弹的可分离式弹仓供弹，采用麦克米兰玻璃纤维强化塑胶枪托，枪托前端装有两脚架，尾部装有特制橡胶缓冲垫，整个枪托尾部可以拆下以方便携带。握把为手枪型，扳机是雷明顿式扳机，扳机扣力3.5磅。TAC-50 没有机械照门及默认瞄准镜，加拿大军队通常采用16倍瞄准镜。

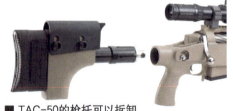

■ TAC-50的枪托可以拆卸

作战性能

TAC-50 狙击步枪用的是12.7×99毫米NATO口径子弹，子弹高度和罐装可乐相同，破坏力惊人，狙击手可用来对付装甲车辆和直升机。该枪还因其有效射程远而闻名世界。2002年，加拿大军队的罗布·福尔隆（Rob Furlong）下士在阿富汗Shah-i-Kot山谷上，以TAC-50在2430米距离击中一名塔利班武装分子RPK机枪手，创出当时最远狙击距离的世界纪录，至2009年11月才被英军下士克雷格·哈里森以2475米的距离打破。实际上，罗布·福尔隆第一发未击中，第二发击中目标的背包，第三发击中躯干。阿富汗Shah-i-Kot山谷高度为海拔2432米，其较低的空气密度令狙击步枪的最大有效射程增加。

■ TAC-50在远距离狙击方面有着天生的优势

流行文化

TAC-50 狙击步枪在影视剧和电子游戏中的出镜频率相对较低，但每次登场必能引起观众或玩家的强烈兴趣。在第一人称射击游戏《武装突袭2》中，收录了世界各国大多数的狙击武器。该游戏强调武器系统的真实性，从弹道到弹药种类等，都尽力呈现逼真的武器样貌，而TAC-50是游戏众多狙击武器中的佼佼者。

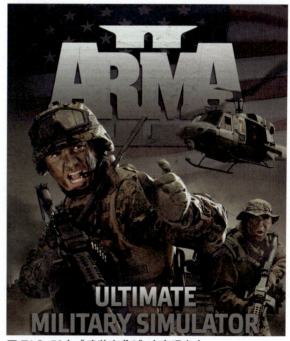

■ TAC-50在《武装突袭2》中表现出众

3.7 英国AWM狙击步枪

影响力指数 ★★★★☆
枪械性能 ★★★★★
技术创新 ★★★☆
生产总量 ★★★
使用国家 ★★★★☆
服役时长 ★★

AWM（M代表Magnum，英文原意为一种大号酒瓶，在弹药上就是指加量装药的子弹）是AW枪族中使用大威力弹药的型号，可发射的弹药包括7毫米Remington Magnum（雷明登-马格南）、.300 Winchester Magnum和.338 Lapua Magnum（0.338英寸拉普-马格南，8.58×70毫米）等。其中使用.338 Lapua Magnum的又被称为AWSM（SM意为Super Magnum，即超级Magnum）。

■ AWM狙击步枪

服役时间	1997年至今	重量	6.8千克
口径	8.58毫米（最大）	弹容量	5发
全长	1270毫米	枪口初速	900米/秒
枪管长	686毫米	有效射程	1400米

诞生历史

AWM狙击步枪是精密国际公司针对狩猎竞技者的需求，推出的AW改良版本。该枪原本以狩猎为主，后来也普及军事领域，用以提升远程杀伤力。英军是第一个采用.338 Lapua Magnum口径AWSM的用户，将其命名为L115A1，并用于排级支援武器。2008年又采购了折叠枪托的改进型号，命名为L115A3。

除英国外，美国、德国、俄罗斯、意大利、土耳其、挪威、葡萄牙、波兰、荷兰、马来西亚、印度尼西亚、韩国和新加坡等国的军队也采用了AWM或AWSM狙击步枪，其中一些国家还按自身需求进行了相应的改进。

衍生型号

■ AX338狙击步枪
以AWSM为蓝本的重大衍生型,发射.338 Lapua Magnum枪弹。研发目的是参与2009年由美国特种作战司令部发出的一项名为精密狙击步枪(Precision Sniper Rifle,PSR)的选型试验。

■ AX308狙击步枪
AX338狙击步枪的7.62×51毫米NATO(.308 Winchester)口径版本,在2010年1月的SHOT Show上首次推出。

■ AX50狙击步枪
AX338狙击步枪的12.7×99毫米NATO(.50 BMG)口径版本,在2010年1月的SHOT Show上首次推出。

主体结构

由于所用枪弹的弹壳直径较原来的7.62×51毫米枪弹大,为了不改变弹匣和铝底座的相关尺寸,AWM的弹匣容量只有单排5发。弹匣宽16毫米,高101毫米,该弹匣从原理上讲可以装6发。不过这样只有在枪机呈开启状态时弹匣才能完全插入,如果枪机处于闭锁位置,只有装5发弹的弹匣才能插入到位。AWM的后托上有一个后脚架,可由螺纹调整高低,不过由于螺纹相当精细,调节过程很费时间。

■ AWM狙击步枪后方视角

作战性能

AWM狙击步枪使用的.300 Winchester Magnum枪弹大幅增加了枪口初速和动能，因此在较远距离上的终点能量也较高，此外它的精度也优于普通的.308 Winchester枪弹，而只是比最好的比赛级Winchester枪弹稍逊一筹。AWSM狙击步枪使用的.338 Lapua Magnum枪弹采用250格令（1格令=0.065克）船形尾弹头，在超过1200米时速度下降不多，在1000米处的动能仍有1770焦，超过1300米仍有极强的杀伤能力，因此.338 Lapua Magnum枪弹比.300 Winchester Magnum枪弹有更大的威力和更远的射程。2009年11月，英国陆军中士克雷格·哈里森在阿富汗南部赫尔曼德省穆萨堡山区使用一支AWSM/L115A3在2475米外射杀两名塔利班武装人员，创下世界远程狙击的新纪录。

■ 伪装状态下的AWM狙击小队

流行文化

在约翰·卢森霍执导的动作片《劫匪》（Takers，2010）中，劫匪之一约翰（保罗·沃克饰）使用的武器就是AWM狙击步枪。

AWM在经典射击游戏《反恐精英》及其续作《反恐精英：零点行动》和《反恐精英：起源》中都有登场，而网络游戏版《反恐精英OL》中也沿袭了《反恐精英》系列的设定。在动视暴雪出品的《使命召唤：现代战争3》中，AWM狙击步枪被命名为"L118A"，可加装多种配件和使用特殊技能。该枪在联机模式、生存模式及特别行动模式中出现。联机模式时于等级4解锁，生存模式时等级35解锁。

■ 电影《劫匪》海报

3.8 德国DSR-1狙击步枪

- 影响力指数 ★★★✩
- 枪械性能 ★★★★✩
- 技术创新 ★★★
- 生产总量 ★★★
- 使用国家 ★★★✩
- 服役时长 ★✩

DSR-1是由德国DSR-精密公司（DSR-Precision GmbH）研制的紧凑型无托狙击步枪，已经被德国反恐特警单位GSG-9以及其他欧洲特种警察部队和机构所采用。

■ DSR-1狙击步枪

服役时间	2000年至今	重量	5.9千克
口径	7.62毫米	弹容量	4发、5发
全长	990毫米	枪口初速	340米/秒
枪管长	650毫米	有效射程	800~1500米

诞生历史

DSR-1狙击步枪由德国DSR-精密公司设计、生产及销售，"DSR-1"是"1号防御狙击步枪"（Defensive Sniper Rifle No.1）之意。该枪由现已停止生产的埃尔玛SR-100狙击步枪改进而成，主要供警方神射手使用。2004年之前，位于奥本多夫的德国AMP技术服务公司（AMP Technical Services）也曾生产和销售过DSR-1。

目前，除德国联邦警察第9国境守备队（GSG-9）和特别行动突击队（SEK）以外，奥地利GEO特警队、爱沙尼亚警察部队、卢森堡特警部队、拉脱维亚军队、马来西亚皇家空军反恐特种部队和西班牙警察部队等单位也采用了DSR-1狙击步枪。

■ DSR-1狙击步枪右侧视角

衍生型号

■ DSR-50反器材狙击步枪

DSR-1的加大型,具有一个内置于枪托内部的液压缓冲减震系统和不可拆除的枪口制动器,发射12.7×99毫米北约口径制式步枪子弹,往往被作为反器材步枪而采用。

■ DSR-1亚音速型狙击步枪(上)

发射.308 Winchester亚音速弹药(7.62×51毫米NATO),枪管长度缩减为310毫米。

主体结构

　　DSR-1狙击步枪最大的特点为旋转后拉式枪机和无托结构。该枪使用比赛级枪管,外表面设有凹槽,以增加散热效果并减轻重量。枪管用三个螺杆固定在机匣上,可快速更换,枪管为自由浮置。铝合金机匣向前延伸形成带散热孔的枪管护罩,向后延伸连接枪托底板。机匣顶部有全长式的皮卡汀尼导轨,可折叠的两脚架就安装在上导轨上,位置可前后移动。枪管护罩下方有可前后移动的塑料前托。枪托底板的长度和贴腮板的高度可调整,另外枪托底部还有一个可调整高度的后支架。握把和两个弹匣座为一个整体塑料底座,安装在机匣下方。

TIPS：

比赛级枪管通常是指较重、较长、枪管壁较厚、加工工艺很好、精度很高的枪管,通常采用优质不锈钢制造,适合发射各种比赛级弹。它比一般军用枪管(通常用铬钼合金钢制造)的性能更好,但成本也更高。

■ DSR-1狙击步枪握把部位特写

DSR-1的扳机护圈前方的弹匣座是安插备用弹匣的,这样可以随枪多带一个弹匣,并减少换弹匣的时间。握把后面的弹匣座才是安插供弹弹匣的。扳机为两道火设计,可调整扳机扣力。扳机上方左右两侧各有1个旋柄式的手动保险,有三个位置。

DSR-1可以通过更换枪管来改变口径,主要为三种类型：标准型,全长990毫米,枪管长650毫米,重5.9千克,发射7.62毫米Winchester Magnum弹；长枪管型,枪管长790毫米,发射7.62毫米北约制式弹；带消音器的微声型,发射9毫米的Lapua Magnum弹。更换枪管程序也非常简单,只要用普通螺丝刀将固定枪管的三个横向螺钉从机匣上拧下来即可。

■ 经过简单拆解的DSR-1狙击步枪

作战性能

DSR-1狙击步枪大量采用了高科技材料，如钛合金、高强度玻璃纤维复合材料，既减轻了重量，又保证了武器的坚固性和可靠性。该枪的精度很高，据说能小于0.2MOA。对于旋转后拉式步枪来说，采用无托结构由于拉机柄的位置太靠后，造成拉动枪机的动作幅度较大和用时较长，但由于DSR-1的定位是警用狙击步枪，强调首发命中而非射速，用在正确的场合时这个缺点并不明显。

■ 训练场中的DSR-1狙击步枪

流行文化

DSR-1狙击步枪曾出现在不少电子游戏里，如《穿越火线》、《孤岛危机》、《孤岛危机2》、《幽灵行动：尖峰战士2》、《魅影小队》、《合金装备4：爱国者之枪》和《特种部队OL》等。在第一人称射击游戏《边缘战士》中，Drognav远射程步枪的外形是基于现实中的DSR-1狙击步枪设计的。游戏中的这种武器被技师加强之后，命中敌人头部，才可将一名轻型身材的敌人重伤。

■ DSR-1狙击步枪在射击游戏中极为常见

3.9 美国雷明顿M40狙击步枪

影响力指数	★★★★
枪械性能	★★★★
技术创新	★★
生产总量	★★★☆
使用国家	★★☆
服役时长	★★★★

M40狙击步枪是雷明顿700步枪的衍生型之一,是美国海军陆战队自1966年以来的制式狙击步枪,其改进型号目前仍在服役中。

■ M40狙击步枪

服役时间	1966年至今	重量	6.57千克
口径	7.62毫米	枪口初速	777米/秒
全长	1117毫米	有效射程	900米
枪管长	610毫米	最大射程	1370米

诞生历史

M40狙击步枪和M24狙击手武器系统都是雷明顿700旋转后拉式枪机步枪的衍生型,但M40问世的时间更早。雷明顿700步枪自1962年推出,就以其精确性和威力受到称赞。浮置枪管、极敏感的扳机及严格制造公差下生产的优质枪管,使雷明顿700步枪如其广告词所称的那样:"它是世界上最强大的旋转后拉式枪机步枪"。

20世纪60年代,由于越南战争的需要,美国海军陆战队要求研制一种正规的新式狙击步枪。经过测试后,1966年4月7日决定以雷明顿700步枪为基础研制狙击步枪,改进后命名为M40。经过实战检验后,70年代又出现了改进型M40A1,改用玻璃纤维枪托及新式瞄准镜。M40A1在1980年进行了重大改进,之后又陆续出现了M40A3(2001年)和M40A5(2009年)。

■ M40的迷彩装隐蔽性很强

衍生型号

■ M40A1狙击步枪
改用WinchesterM70钢制扳机护圈及弹匣底板，换装较重、表面经乌黑氧化涂层处理的阿特金森不锈钢枪管，枪托换为玻璃纤维。1980年的M40A1改用Unertl瞄准镜。

■ M40A5狙击步枪
M40A3的最新改进型，主要改进在于增加了枪口装置和导轨，可以加装快拆消音器和PGWPVS-22夜视瞄准具。

■ M40A3狙击步枪
20世纪90年代末开始研发的改进型，仍然采用雷明顿700步枪的枪机座，但改为DD Ross公司制造的钢制整体式扳机护圈。采用Schneider 610 SS比赛级重枪管、麦克米兰A-4玻璃纤维战术步枪枪托。

主体结构

　　M40是一种手动狙击步枪，最初采用重枪管和木制枪托，用弹仓供弹，弹仓为整体式。扳机护圈前边嵌有卡笋，用于分解枪机。弹仓底盖前部的卡笋则用于卸下托弹板和托弹簧。该枪装有永久固定式瞄准镜，放大率为10倍。1977年的M40A1和2001年的M40A3将枪托材料换为玻璃纤维。M40A3还在枪托中采用了可调贴腮板组件和后坐衬垫，提高了射手射击时的舒适度，但重量也增加了0.9千克。M40、M40A1和M40A3都采用5发内置式弹仓供弹，M40A5则改为5发可分离式弹仓。

■ 使用M40狙击步枪的美军狙击手

作战性能

早期的M40全部装有Redfield（雷德菲尔德）3～9瞄准镜，但瞄准镜及木制枪托在越南战场的炎热潮湿环境下，出现受潮膨胀等严重问题，以至无法使用。之后的M40A1和M40A3换装了玻璃纤维枪托和Unertl（维纳特尔）瞄准镜，加上其他功能的改进，逐渐成为性能优异的成熟产品。据称，在美国海军陆战队的狙击作战中，即使用力敲击该枪的瞄准镜，其零位也会保持不变。在美国，M40A3狙击步枪被视为现代狙击步枪的先驱。它被称为冷战"绿色枪王"，在越南战争和其他局部战争中频频露脸。

■ M40进行射击后退出子弹壳

流行文化

在电影《生死狙击》（Shooter，2007）中上镜率最高的便是M40狙击步枪，具体型号为M40A3。影片开始时男主角埋伏在小山坡上攻击敌方人员时使用的便是装配了Unertl瞄准镜的M40A3，男主角使用它击毙了多名敌人，包括那名最开始被击毙的车载重机枪射手。

在经典射击游戏《使命召唤4：现代战争》中，M40A3狙击步枪是玩家最喜爱的武器之一。其他电子游戏中，各种型号的M40狙击步枪也频繁出现。

■《生死狙击》男主角使用M40大杀四方

3.10 美国雷明顿M24狙击手武器系统

影响力指数 ★★★★☆
枪械性能 ★★★★
技术创新 ★★★
生产总量 ★★★★
使用国家 ★★★
服役时长 ★★★

M24狙击手武器系统（Sniper Weapon System，SWS）是雷明顿700步枪的衍生型之一，提供给军队及警察用户，在1988年正式成为美国陆军的制式狙击步枪。

■ M24狙击步枪

服役时间	1988年至今	重量	5.5千克
口径	7.62毫米	弹容量	5发、10发
全长	1092.2毫米	枪口初速	853米/秒
枪管长	609.6毫米	有效射程	800米

诞生历史

自越南战争开始，美军狙击步枪的质量逐步提高，当时已经采用了7.62×51毫米北约标准弹。由于美军在M14自动步枪上加装M84型瞄准镜改进而成的狙击步枪并不适用，于是又从M14衍生出M21狙击步枪。该枪的发展速度较慢，直到越南战争后期才被美军广泛使用。

■ 雷明顿700步枪

第3章 狙击步枪

M21狙击步枪的性能较好，但到了20世纪80年代便已无法满足美军的作战需求。1988年，美军将M24狙击手武器系统选为新的制式武器。该枪从雷明顿700步枪演变而来，由于性能非常优异，所以逐渐取代了其他狙击步枪，成为美军的主要狙击武器。之所以称为狙击手武器系统，是因为除了狙击步枪本身以外还配备了瞄准镜及其他配件。

目前，M110狙击步枪已经逐渐代替了M24在部队中的地位。

■ M24狙击步枪右侧视角

衍生型号

■ M24A3狙击步枪
发射.338 Lapua Magnum（8.6x70毫米）枪弹，使用5发可拆式弹匣。可以安装Leupold Mark 4 LR/T M1型8.5~25x50毫米可变倍率瞄准镜，另配BUIS可卸式备用机械瞄具。

■ M24E1狙击步枪
发射.300 Winchester Magnum（7.62x67毫米）MK 248 MOD1比赛级枪弹，沿用了雷明顿MSR模组化狙击步枪的部分设计，但基本架构仍是雷明顿M700枪系。

■ M24A2狙击步枪
改换10发可拆式弹匣、安装MARS模组配件导轨系统、修改设计的枪管可装上OPS消声器、枪托加装高度可调的托腮板等。现有的M24都可以改装成M24A2型。

主体结构

M24采用旋转后拉式枪机，闭锁可靠性好，枪体与枪机配合紧密，提供了较高的精度。其重型枪管为不锈钢制成，可以自由转动定位。机匣为圆柱形，与枪托里铝制衬板上的V形槽结合。机匣和枪口处装有基座，以便安装机械瞄具。枪托由合成材料制作，前托粗大，呈海狸尾形。枪托上有可调托底板，其伸缩范围约6.9厘米。枪托上还有较窄的小握把和安装瞄准镜的连接座。内置弹仓可快速再装弹，解脱按钮装在扳机护圈的前部。此外，M24配有可卸式两脚架、新式消焰器、消声器，并可安装各种瞄准镜和夜视装置等。

■ 使用M24的美军狙击手与侦察员

作战性能

为了耐受沙漠恶劣的气候，M24特别采用碳纤维与玻璃纤维等材料合成的枪身枪托，可在−45～+65摄氏度气温变化中正常使用。该枪由弹仓供弹，装弹5发，发射美国M118式7.62毫米特种弹头比赛弹。该枪的精度较高，射程可达1000米，但每打出一颗子弹都要拉动枪栓一次。M24对气象物候条件的要求很严格，潮湿空气可能改变子弹方向，而干热空气又会造成子弹打高。为了确保射击精度，该枪设有瞄准具、夜视镜、聚光镜、激光测距仪和气压计等配件，远程狙击命中率较高，但使用较为烦琐。

■ M24狙击枪在沙漠环境中也可以有很好的表现

流行文化

M24在电影中经常出现，如《生死狙击》（Shooter，2007）中现场保护总统的狙击手使用的便是该枪。在《通缉令》（Wanted，2008）中，安吉丽娜·朱莉饰演的杀手也将M24作为主要武器，而她发射的子弹甚至会拐弯。这是因为空气的温度会改变M24子弹的方向，干热的空气则会使子弹打高。因此，她的箱子里时刻装着一个气压计。

在电子游戏中，倒在M24枪口下的玩家更是不计其数。它因而被《反恐精英OL》的粉丝送上"狂蟒之吻"的彪悍昵称。另一款《战地之王》中，它被热情的粉丝称为"狙神"，因为它在1000米的距离上仍有精准杀伤力，中弹者甚至不知道子弹来自何方。

■ 《生死狙击》中男主角教男配角使用的也是M24

3.11 美国M21狙击手武器系统

- 影响力指数 ★★★★☆
- 枪械性能 ★★★★
- 技术创新 ★★★
- 生产总量 ★★★★
- 使用国家 ★★★
- 服役时长 ★★★★

M21狙击手武器系统（Sniper Weapon System，SWS）是在M14步枪的基础上改进而成的，是美国陆军在20世纪60年代末到80年代末的重要狙击武器之一，直到现在仍在使用。

■ M21狙击步枪

服役时间	1969年至今	重量	5.27千克
口径	7.62毫米	弹容量	5发、10发、20发
全长	1118毫米	枪口初速	853米/秒
枪管长	560毫米	有效射程	690米

诞生历史

在越南战场上，虽然火力强大的M16突击步枪让美军在200～300米射程上的火力大为增强，但在较远距离上却无法精确射击。因此，美国陆军认为必须装备一种精确的狙击步枪。1966年，美国陆军武器司令部、战斗研究司令部以及有限战争委员会与美国陆军射击训练队共同研究新型的狙击步枪。在经过长时间的测验之后，装备瞄准镜的M14半自动步枪成为他们的最佳选择，并将其命名为XM21。1969年，岩岛兵工厂将1000多支M14步枪改装成XM21狙击步枪，并提供给在越南战场的美军士兵使用。

1975年，XM21正式成为美军制式武器，并重新命名为M21狙击手武器系统。美国陆军装备M21直到1988年，以旋转后拉式枪机的M24狙击手武器系统替换，然而M21仍然被继续采用。此外，以色列国防军、菲律宾军队、洪都拉斯军队、波兰陆军特种部队和英国特种空勤团等也采用了该枪。

■ M21狙击步枪及其7.62毫米步枪弹

主体结构

M21虽然是由M14步枪改进而成的，但是两者之间还有一些明显区别。比如，M21使用玻璃纤维黏合剂将机匣固定在枪托之上，在机匣和枪管结合后再用环氧树脂封固。为了提高精度和可靠性，M21的活塞以及活塞筒以手工装配，并且都经过抛光处理，能避免火药残渣积存。枪口的消焰器经铰孔，消除了偏心误差，还可以外接消音器。

M21最初采用2.2倍M84瞄准镜，后来更换为更好的9倍ART瞄准镜。这种瞄准镜可以进行距离调节，瞄准镜座为铝合金制造，重量为170克。瞄准镜十字线的横标线和竖标线

上各有两个视距线,当瞄准镜的放大率为3倍时,横标线的两个视距线对应在300米处的实际长度是1.52米,竖标线的两个视距线为0.76米。此外,该瞄准镜还能够自动给出步枪的准确射角,帮助射手精准射击。

■ M21在美军中还是深受欢迎

作战性能

M14本身是一支相当不错的自动步枪,因此M21推出后便受到使用部队的欢迎。M21的消焰器可外接消音器,不仅不会影响弹丸的初速,还能把泄出气体的速度降低至音速以下,使射手位置不易暴露,这在战争中是一项非常重要的优点。在整个越南战争期间,美军共装备了1800余支配ART瞄准镜的M21。在一份美国越南战争杀伤报告中记载,1969年1月7日至7月24日半年内,一个狙击班共射杀敌方1245名士兵,消耗弹药1706发,平均1.37发弹狙杀一个目标。

流行文化

在射击游戏《三角洲特种部队:黑鹰坠落》中,玩家可使用各种美制武器,包括M21狙击手武器系统。游戏中,M21的口径与弹容量遵循了现实,总共可以携带200发枪弹(10个弹夹)。该枪射速适中、装弹迅速,在三角洲这样的"敌人被命中即死亡"的游戏中颇为实用。

■ 经过精心伪装的M21狙击小队

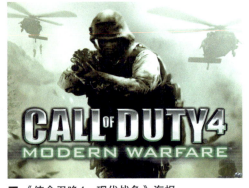

■《使命召唤4:现代战争》海报

3.12 英国PM狙击步枪

影响力指数 ★★★
枪械性能 ★★★
技术创新 ★★★★
生产总量 ★★
使用国家 ★★
服役时长 ★★★

PM狙击步枪是英国精密国际公司北极作战系列的原型枪,被英军于20世纪80年代中期以L96的名称列装。

■ PM狙击步枪左侧视角

服役时间	1982年至今	重量	6.5千克
口径	7.62毫米	弹容量	10发
全长	1194毫米	枪口初速	330米/秒
枪管长	655毫米	有效射程	300米

■ PM狙击步枪前方视角

全球枪械图鉴大全

诞生历史

20世纪80年代初，英军装备的L42A1狙击步枪在马岛战争中暴露出许多问题。为此，英国开始为新的狙击手武器系统进行竞标，到1982年底仅有帕克黑尔（Parker Hale）和精密国际两家公司有幸参与最后的竞争。帕克黑尔素以生产优秀的狙击步枪而闻名，其提交的M85是已经在澳大利亚和加拿大军队服役的M82狙击步枪的改进型。相比之下，精密国际的历史非常短，唯一值得称道的就只有它的创办人兼主设计师马尔柯姆·库帕（Malcolm Cooper）。库帕是一名工程师，也是一名多次在世界性比赛上夺冠的射击运动员。精密国际原本专门生产符合国际射击比赛要求的步枪，此次竞标是公司首次涉足军用领域。最终，精密国际提交的PM（Precision Match，精确比赛）狙击步枪赢得了竞标。

PM狙击步枪主要有步兵用、警用和隐藏式3种。英军购买了超过1200支步兵用PM，并将其命名为L96。随后，其他一些国家如法国外籍兵团也购买了一些步兵用PM。作为公司第一种军用狙击步枪，PM对于精密国际来说是一款意义非凡的产品，此后大名鼎鼎的北极作战系列狙击步枪便是以它为原型，PM狙击步枪为AW系列的成功奠定了坚实的基础。

■ PM狙击步枪前方视角

衍生型号

■ 隐藏式PM狙击步枪
带消声装置、可快速拆卸和组装，配用PM 6×42、10×42或12×42瞄准镜。

■ 警用PM狙击步枪
采用单发射击方式，可发射多种口径Magnum枪弹。除配用6×42瞄准镜外，还可配用10倍或2.5~10倍放大率的瞄准镜。

主体结构

步兵用PM狙击步枪采用铝合金机匣，不锈钢枪管自由浮置在枪托内。枪机前部有3个闭锁凸笋，枪机旋转60度实现开锁。枪机行程为107毫米，射手在操作枪机时头部能一直靠在托腮处，重新装弹时能持续观察目标。保险卡笋装在拉机柄上。枪托采用高强度塑料制成，枪托前下端装有轻型两脚架。警用PM的结构与步兵用PM基本相同，但采用单脚架。单脚架装在枪托前部里面，可以放低和调整，射手在瞄准目标时，无须担心长时间承受枪身的重量。隐藏式PM与带消声装置的步兵用PM结构相同，但采用两脚架、两个10发弹匣和一个20发弹匣。平时可拆卸后装在手提箱内携行，手提箱手柄可以伸缩。步兵用PM采用可调式机械瞄准具，用于700米距离上的射击。此外还配有专门设计的L1A1式6×42光学瞄准镜。步兵用和警用PM使用北约7.62毫米枪弹，隐藏式PM使用7.62毫米亚音速枪弹。

作战性能

英军在为新型狙击步枪招标时的要求极高，在600米射程首发命中率要达到百分之百，1000米射程内要获得很好的射击效果，必须采用10发可拆卸弹匣。PM狙击步枪能在包括帕克黑尔M85在内的众多竞争中脱颖而出，其作战性能势必要达到甚至超越英军的选型标准。

■ 在高处使用PM狙击步枪监视现场的狙击手

3.13 美国巴雷特M98B狙击步枪

- 影响力指数 ★★★✩
- 枪械性能 ★★★★
- 技术创新 ★★★
- 生产总量 ★★★
- 使用国家 ★★
- 服役时长 ★

M98B是由美国巴雷特公司研制的旋转后拉式枪机式手动狙击步枪，于2008年10月正式公布，2009年年初开始销售。该枪在M98狙击步枪的基础上改进而成，发射0.338 Lapua Magnum弹。

■ M98B狙击步枪

服役时间	2009年至今	重量	6.12千克
口径	8.59毫米	弹容量	10发
全长	1264毫米	枪口初速	940米/秒
枪管长	685.8毫米	有效射程	1600米

诞生历史

1997年，巴雷特公司的枪械设计师开始设计新式狙击步枪，主要目标是在不以现有运动步枪为基础的前提下设计一款精确战术型.338 Lapua Magnum狙击步枪。1998年，新设计的M98狙击步枪在内华达州拉斯维加斯的SHOT Show（机械、狩猎、户外用品展览会）中展出。不过，由于巴雷特M99狙击步枪的出现，M98从未投入生产。

直到21世纪初，朗尼·巴雷特的儿子克里斯才恢复了巴雷特对.338口径步枪的关注和研发，并且在2009年的SHOT Show之中推出了巴雷特M98B狙击步枪。该枪在设计之初就贯彻了远程高精度狙击步枪的理念，在远程狙击步枪领域开启了新的一页。

■ 带有瞄准镜的M98B狙击步枪

衍生型号

■ 巴雷特MRAD狙击步枪

巴雷特MRAD（Multi-Role Adaptive Design，多用途自行调应设计）是巴雷特公司参与2009年1月15日美国特种作战司令部发出的一项名为精密狙击步枪（Precision Sniper Rifle，PSR）的合同而以巴雷特M98B为蓝本的改进型。

主体结构

　　M98B和其他巴雷特狙击步枪的最大分别就是采用了类似斯通纳的AR-15/M1步枪设计。例如，以铝制铰链连接上下机匣，符合人体工程学的手枪握把和由拇指直接操作的手动保险装置。M98B的上机匣装有一条不间断的全长度型MIL-STD-1913战术导轨，以便安装对应导轨的光学瞄准镜、夜视镜、雷射瞄准器（LAM）和两脚架等战术配件。另外还有两条可拆卸的导轨安装在上机匣的护木的左右两边。M98B的下机匣是由7075铝制造，除了原厂设计的手枪握把以外，还可以安装任何种类的AR-15/M16步枪的手枪握把。下机匣装有一个灵巧的弹匣释放拨杆，装置在扳机护圈的前方。

　　M98B的枪机装在新设计的"枪机护套"内部，由两个已注入聚四氟乙烯的合成聚合物再以玻璃纤维增强的管状护套所组成。这两个护套让枪机复进时得到更好的保护，减少整备时上油润滑的次数和需要，协助密封退壳口以及以拉机柄拉动枪机的同时将污垢从退壳

口排出。枪机头是由坚硬的碳钢8620制造，锁耳数量是9个，并且以插销连接到同一个枪机主机。这种独立式枪机头的设计使得转换口径时可以更简单，尤其是为未来开发的弹药而转换成不同壳头间隙的枪管和枪机头。

作战性能

M98B是一款威力适中的远距离狙击步枪，威力介于7.62毫米和12.7毫米这两种主流口径狙击步枪之间。该枪精度较高，在500米距离弹着点散布直径是6厘米，在1600米距离可以无修正命中人体目标，且对人员可达到"一枪毙命"的效果。M98B不但是有效的反人员狙击步枪，也可以在一定程度上作为反器材步枪使用。

■ M98B细节示意图

流行文化

M98B狙击步枪曾出现在美国电视剧《反恐24小时》（24，2001）和《超市特工》（Chuck，2007）中，在电子游戏《战地3》中也是一把颇具人气的武器。游戏中，M98B的初始携弹量为36发，最高携弹量为60发，默认具有步枪瞄准镜（放大8倍）。故事模式中曾被主角亨利·布莱克本上士于"断头台行动"中使用，并且内置两脚架。联机模式时为"侦察兵"的解锁武器之一，达到146000侦察兵分数时才能解锁。

■《战地3》宣传海报

■ 装有瞄准镜的M98B狙击步枪

3.14 美国巴雷特M99狙击步枪

- 影响力指数 ★★★✦
- 枪械性能 ★★★★
- 技术创新 ★★★✦
- 生产总量 ★★★
- 使用国家 ★✦
- 服役时长 ★✦

M99是美国巴雷特公司于1999年推出的新产品，别名BIG SHOT，取英文"威力巨大，一枪毙命"之意。该枪有两种口径，分别是.50 BMG（12.7毫米）和.416 Barrett（约10.57毫米）。

■ M99狙击步枪右侧视角

服役时间	1999年至今	重量	11.8千克
口径	10.57毫米、12.7毫米	弹容量	1发
全长	1280毫米	枪口初速	900米/秒
枪管长	813毫米	有效射程	1850米

诞生历史

巴雷特公司在推出大口径的M82及M95后，为了再提高精确度及降低长度，又以M95为基础设计出一种犊牛式结构、旋转后拉式枪机、内置弹仓只可放一发子弹的狙击步枪，即M99狙击步枪。由于M99的弹仓只可放一发子弹而且不设弹匣，在军事用途上缺乏竞争力，所以现在主要是向民用市场及执法部门发售，在美国一些禁止民间拥有.50 BMG 的州（例如加利福尼亚州）只会发售.416 Barrett口径版本。

TIPS：

犊牛式（又名牛犊式）是枪械的一种设计，较常见于步枪上。它是将弹匣和机匣的位置改为扳机后方的枪托内（因此也被称为"弹匣后置枪"或"后置弹匣枪"），也就是通常所说的无托步枪。

■ 装有瞄准镜和两脚架的M99狙击步枪

主体结构

M99的旋转后拉式枪机是重新设计的，枪管也是重新设计的，巴雷特公司以往设计的.50 枪管是29英寸（约737 毫米）长，但M99的枪管增加到32英寸（约813 毫米），为了增加枪管重量以最大限度地增加远距离的精确性，没有再在枪管表面刻槽。机匣顶部有RIS导轨，用以安装各类瞄准镜。提供四种不同枪管选择，包括.50 BMG的25英寸、29英寸、32英寸枪管版本，以及.416 Barrett的32英寸枪管版本。

M99采用了刚性闭锁，能够有效地避免射击时产生的振动对精度的影响，但缺点就是射击时由于枪机固定不动，弹壳对枪机的作用力来得更大更猛，对枪机寿命以及构件的破损有影响较大。鉴于此，该枪的闭锁结构由以前M82 的三齿闭锁改为多齿闭锁，增大枪机与节套的有效接触面积，使后坐力有效地分散在枪机的受力面上，避免枪机及机匣受损，弥补了由于采用刚性闭锁所带来后坐力较大的缺点。此外，刚性闭锁也导致M99的后坐力比同类非自动结构的狙击步枪大得多，如果不采取减小后坐力的措施，射手很难承担。为此，M99系列采用了高效的缓冲器，有效地减小后坐力，使之达到射手可以承受的范围。

■ M99 CG图

作战性能

M99外形美观庄重，结构简单，只要拔下3个快速分解销，就可以完成不完全分解，修理和保养十分方便。由于采用多齿刚性闭锁结构，非自动发射方式，即发射一发枪弹后，需手动退出弹壳，并手动装填第二发枪弹，因此M99是没有弹匣的。该枪主要使用12.7×99毫米大口径勃朗宁机枪弹，必要时也可以发射同口径的其他机枪弹，主要打击目标是指挥部、停机坪上的飞机、油库、雷达等重要设施。

■ M99狙击步枪前方视角

流行文化

作为大口径狙击步枪的杰出代表，M99是各类电子游戏中的常客。在瑞典工作室GRIN开发制作的第三人称射击游戏《幽灵行动：尖峰战士》中，有多种真实存在的枪械，其中就包括M99。续作《幽灵行动：尖峰战士2》中的武器也大多承袭自前作，M99同样没有漏下。

■ M99在《幽灵行动：尖峰战士》系列中表现惊艳

■ M99狙击步枪的大口径枪管令人望而生畏

3.15 美国巴雷特M95狙击步枪

- 影响力指数 ★★★★
- 枪械性能 ★★★★
- 技术创新 ★★★
- 生产总量 ★★★
- 使用国家 ★★★★
- 服役时长 ★★

M95是美国巴雷特公司研制的重型无托结构狙击步枪（反器材步枪），取代巴雷特M90的后继产品。

■ 巴雷特M95狙击步枪

服役时间	1995年至今	重量	10.7千克
口径	12.7毫米	弹容量	5发
全长	1143毫米	枪口初速	854米/秒
枪管长	737毫米	有效射程	1800米

诞生历史

巴雷特公司在推出大口径半自动无托结构狙击步枪M90以后，为了使其操作和价格比起军用型巴雷特M82A1更简单和更便宜，从而设计及生产了M95狙击步枪。1999年，M95曾参加美军新一代制式狙击步枪的选型测试，但最终不敌M82狙击步枪。据巴雷特公司的官方网站宣布，目前M95最少被15个国家的军队和执法机关采用，包括丹麦特种部队、奥地利特种部队、约旦特种部队、法国国家宪兵特勤队、格鲁吉亚内务部特殊作战部、马来西亚陆军、葡萄牙陆军、菲律宾海军陆战队、泰国皇家海军、希腊军队、芬兰军队和西班牙军队等。

■ 西班牙海军士兵在护卫舰上试射M95狙击枪

■ M95三维CG图

主体结构

M95在外形上和M90几乎没有区别,而在结构上两者却有极大的相似之处,M95保留了M90的双膛直角箭头形(V形)制动器、可折叠式两脚架和机匣顶部的MIL-STD-1913战术导轨。由于没有机械瞄准镜,必须在战术导轨上安装瞄准镜才能更好地使用。与M90相比,M95在人体工程学上有不小的改进,其握把和扳机之间向前移动了25毫米以便更换弹匣和缩短射击准备时间;重新设计了拉机柄,比M90更容易拉动;枪管可快速从枪上拆卸,缩短长度更方便携带。此外,扳机、击针和重量也有细微的变化。

■ M95狙击步枪的整体结构

作战性能

M95的设计意图在实战中得到了彻底的体现,它在操作上要比M82更为简单,在美国可以购买其民用型。相比之下,M82几乎只作为军队和执法机关的"大杀器"而存在。据称,M95的精度极高,能够保证在900米的距离上3发枪弹的散布半径不超过25毫米。

■ 徕卡瞄准镜让M95的狙击性能更加强悍

流行文化

M95在电子游戏里极为常见,如《战地2》、《战地2:现代战争》、《战地:叛逆连队》、《战地:叛逆连队2》、《战地:英雄》、《杀手2:沉默刺客》、《幽灵行动:尖峰战士2》、《镜之边缘》和《火线任务》等。在热门网络游戏《反恐精英OL》中,M95最早于2010年9月16日的韩国版中推出。游戏中该枪使用不锈钢枪身、黑色手枪握把和枪托底板、5发容量弹匣和2~4倍放大倍率的一般瞄准镜,并能够通过武器强化系统升级出两种强化型外观。

■ M95在游戏中表现不俗

3.16 英国AWP狙击步枪

影响力指数 ★★★★☆
枪械性能 ★★★★
技术创新 ★★★
生产总量 ★★★★
使用国家 ★★
服役时长 ★★★

AWP狙击步枪为供执法机构使用的AW改型。该武器因在游戏反恐精英中出现而成名，并一度被很多玩家认为是全球最优秀的狙击步枪之一。

■ AWP狙击步枪

口径	7.62毫米	弹容量	10发
全长	1124毫米	枪口初速	850米/秒
枪管长	610毫米	有效射程	600米
重量	6.5千克	最大射程	1200米

诞生历史

AWP是英国精密国际公司在20世纪80年代中期为执法机构和安全部门特别设计的警用狙击步枪，AWP是Arctic Warfare Police（北极作战警察）的缩写。换句话说，AW是为军队设计的"绿色"步枪，而AWP则是为执法机构和保安部队设计的"黑色"步枪（实际上枪托是通用的，应客户的要求，有些AWP也可以采用绿色枪托）。

■ 装有两脚架的AWP狙击步枪

主体结构

AWP与AW的区别在于采用较长和管壁较厚的重型枪管，该不锈钢枪管长610毫米，纵向剖面为截锥形，枪口直径为23毫米。AWP取消了后备的机械瞄具，在枪托底部可安装一个弹簧定位的后脚架，可与两脚架共同构成三点支撑，提高瞄准射击时的稳定性。AWP在人机工效化方面做得较为出色，如枪托被设计成可调式的，射手可以根据自己的习惯和身材调整橡胶托板与枪托之间的距离，以满足不同射手的需求。另外，AWP在枪托内部安装有弹力支架，射手在长时间隐蔽过程中可以将其调出，以支撑枪身的重量，从而减少射手的疲劳度。

作战性能

AWP通常使用7.62×51毫米NATO枪弹，但也可以使用.300 Winchester Magnum、7毫米Remington Magnum和.338 Lapua Magnum等枪弹。AWP在600米的有效射程内的命中率为100%，在使用精确瞄准具的情况下可以达到1200米的距离。

第3章 狙击步枪

■ AWP狙击步枪右侧视角

流行文化

　　AWP在《反恐精英》中作为威力最大的狙击步枪出现，因而为全球的游戏玩家所知，更一度被很多玩家认为是全球最优秀的狙击步枪之一。游戏中的AWP能够一击毙敌，但使用7.62×51毫米NATO枪弹的斯泰尔Scout狙击步枪需要两发，因此造成了.338 Lapua Magnum枪弹的性能远比7.62×51毫米NATO枪弹性能优秀的错觉。事实上，现实中的AWP并不使用.338 Lapua Magnum枪弹，如果无视游戏中该武器装填10发弹药的设定，针对外形和子弹类型而言，其实游戏中的该武器接近现实中的AWM多于AWP。

■ 带有迷彩涂层的AWP狙击步枪

　　AWP在影视剧中也经常出现，如《处刑人》（The Boondock Saints，2000）中的墨菲曾在武器经销商的库房里拿起一支AWP狙击步枪试用。《血溅13号警署》（Assault on Precinct 13，2005）中的涉黑特警马库斯·杜瓦尔也曾使用过AWP。

3.17 美国阿玛莱特AR-50狙击步枪

- 影响力指数 ★★★☆
- 枪械性能 ★★★★
- 技术创新 ★★★
- 生产总量 ★★
- 使用国家 ★
- 服役时长 ★

服役时间	1999年至今	重量	16.33千克
口径	12.7毫米	弹容量	1发
全长	1511毫米	枪口初速	900米/秒
枪管长	787.4毫米	有效射程	1800米

AR-50狙击步枪是由美国阿玛莱特（Armalite）公司于20世纪末研制及生产的单发旋转后拉式枪机重型狙击步枪（反器材步枪），发射12.7×99毫米北约（.50 BMG）步枪子弹。

■ AR-50狙击步枪

诞生历史

AR-50狙击步枪在1997年开始设计，并在1999年的SHOT Show上首次公开，同年开始对民间发售。目前，该枪已更新为AR-50A1B，它装有更平滑顺畅的枪机、新型枪机挡和加固型枪口制动器。AR-50A1B是作为一支经济型的长距离射击比赛用枪而设计的，具有令人惊讶的精度，而其巨大的凹槽枪口制动器也使它发射时的后坐力大大减轻。

衍生型号

■ AR-30狙击步枪
AR-30是一款按比例缩小的AR-50，拥有双骨架式枪托、5发弹匣和双室膛口制动器。

■ AR-50托腮板

主体结构

　　AR-50狙击步枪结构简单，可靠性高。铝合金制造的机匣是阿玛莱特的独特的八边形设计，增强了机匣对抗弯曲的可能，并安装在框架型铝制整体式前托上，表面采用硬质阳极氧化处理。机匣就在多层式V形枪托的前方，而枪管自由浮动于护木上方。AR-50的枪托可分为三个独立的部分，各部分皆为铝制。与枪托一体化的护木的表面同样采用硬质阳极氧化处理，可以与支架经过加工并以螺钉固定的枪托分离，前下方设有两脚架的安装接口。前托底下更装上了一个AR-15/M16步枪式手枪握把。枪托可以安装及调节尾部设有的一块由软橡胶制造的枪托后坐缓冲垫，一块可调节高度的托腮板，以及可伸缩调节高度的后脚架，使得射击时更为舒适和稳定。

　　AR-50没有采用弹匣供弹，狙击手必须在射击前用手通过装填口（兼抛壳口）向膛室内装弹。AR-50也没有内置机械瞄具，必须利用其机匣顶部的MIL-STD-1913战术导轨安装日间/夜间望远式狙击镜、光学瞄准镜、反射式瞄准镜、红点镜、全息瞄准镜、夜视仪或热成像仪作为瞄准具。另外也可选择在枪管上方增加一个前导轨座，这样就可以使用流行的前后串联式安装配置模式扩大瞄准具附件的加装应用模式。

作战性能

　　虽然AR-50是一支高精度的大口径步枪，但在1999年后，巴雷特M82系列取代了AR-50的地位，因为它在战斗期间远比AR-50有效。只有一发子弹的AR-50无法在短时间内攻击多个目标，但M82系列却可以。目前AR-50仅作为民用，主打低端市场，其销售价格较同类型武器下降约50%。

流行文化

　　AR-50曾出现在角色扮演游戏《辐射3》中，这是《辐射》系列的第3部主要作品。尽管游戏的背景设定在几十年后的未来，但可使用的武器仍然来源于当今的真实存在，包括AR-50狙击步枪。

■ AR-50狙击手与观察员所携带的武器套装

■ 《辐射3》虽然是未来题材的游戏作品，不过AR-50仍然存在于其中

3.18 美国巴雷特XM109狙击步枪

影响力指数	★★★★
枪械性能	★★★★
技术创新	★★★
生产总量	★★
使用国家	★
服役时长	★★

XM109是美国巴雷特公司制造的一种口径达到25毫米的狙击步枪,其威力非常惊人,具有攻击轻型装甲车辆的能力,主要执行远距离狙击任务。

■ XM109狙击步枪

服役时间	1999年至今	重量	20.9千克
口径	25毫米	弹容量	5发
全长	1168毫米	枪口初速	425米/秒
枪管长	447毫米	有效射程	2000米

诞生历史

虽然M82A1狙击步枪已经具备攻击轻型装甲车辆的能力,但是12.7毫米子弹在远距离上对装甲目标的破坏力却相对有限。为了最大限度地发掘大口径狙击步枪的潜力,巴雷特公司在1999年推出了一款25毫米口径的狙击步枪,这就是XM109。

主体结构

XM109狙击步枪在外形上和M82系列狙击步枪非常接近。仅以长度来说,XM109相比M82系列没有太大差别。不过由于它的口径达到25毫米,所以枪体很粗,重量达到了20.9千克。XM109配备的双脚架,在接触地面的部分采用尖钉状设计,以方便在使用时陷入地面保持稳定。在枪身上部有一个标准的皮卡汀尼M1913型附件导轨,可以安装各种附件。

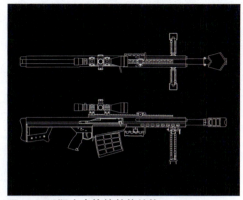
■ XM109狙击步枪的整体结构

为了提高XM109狙击步枪的射击精准度,巴雷特公司还采用了一种非常先进的计算机数据处理瞄准镜系统,即"巴雷特光学距离修正瞄准系统"。这种系统会搜集气压、温度和武器的角度等参数并加以处理和计算,以提高XM109在远距离上的狙击精度,提高第一颗子弹命中目标的概率。

■ XM109使用.25子弹射击效果

作战性能

XM109狙击步枪的最大攻击距离可以达到2000米左右,其使用的25毫米大口径子弹(由"阿帕奇"武装直升机上M789机炮使用的30毫米高爆子弹改进而来)至少能够穿透50毫米厚的装甲钢板,可以轻松地摧毁包括轻装甲车辆和停止的飞机在内的各种敌方轻型装甲目标。据称,这种25毫米口径弹药的穿透力是12.7毫米口径穿甲弹的2.5倍以上。严格说来，XM109已经可以视作"狙击炮"，这种射程远、威力大的狙击武器对使用轻装甲的机械化步兵来说绝对是一场噩梦。特别是在一些地形奇特的地区，一支XM10狙击步枪几乎可以打乱或者打垮一个装甲排，甚至装甲连的进攻，但是考虑到XM109超过20千克的重量会大大影响到机动性，因此在实战中，XM109的生存力相对来说也不会太高。

■ XM109配置消焰器

■ 使用XM109狙击步枪监视目标的狙击手

流行文化

在射击游戏《寄生前夜：第三次生日》中，使用XM109攻击"扭曲者"非常有效。开启无限弹药的"金手指"后，XM109会成为凌驾于榴弹发射器之上的最强远距离杀伤武器，是突破高难度的最佳选择之一。而在以超强自由度与优秀画面闻名的游戏《黑道圣徒》中，XM109也是威力极大的武器。

■《寄生前夜：第三次生日》中XM109的攻击力惊人

3.19 德国WA2000狙击步枪

- 影响力指数 ★★★
- 枪械性能 ★★★★☆
- 技术创新 ★★★★☆
- 生产总量 ★★
- 使用国家 ★★
- 服役时长 ★★★

WA2000高精度狙击步枪由卡尔·瓦尔特公司于20世纪70年代末至80年代初研制，1982年首次亮相，其后被德国和几个欧洲国家的特警单位少量采用，目前已停产。

■ WA2000狙击步枪

服役时间	1982年至今	重量	7.35千克
口径	7.62毫米	弹容量	6发
全长	905毫米	枪口初速	980米/秒
枪管长	650毫米	有效射程	800米

诞生历史

不同于其他狙击步枪多以现有枪型改造加强来满足市场需要，WA2000是完全以军警狙击手需要为唯一目标的全新设计。该枪一共生产了两种型号，但都没有独立的名称，所以人们一般把最早生产的WA2000称为第一代，后来的型号称为第二代。WA2000性能优异，准确度极高。不过由于WA2000的设计和生产完全以高质量和高精度为首要目标，几乎不考虑制造成本，导致售价高昂（1988年时每支售价约9000~12500美元），最终仅被德国警察部队少量采用。由于乏人问津，瓦尔特公司不得不在1988年11月停止生产WA2000，而此前也仅仅生产了160余支。

WA2000的大多数用户在欧洲，其中约有15支出口到美国（另一说法是34支），而这15支当中还有11支为瓦尔特美国分公司的总裁私人拥有。由于数量很少，WA2000在美国市场的售价一度高达80000美元，但即便如此，有些狙击步枪爱好者或比赛射手还是把这支可遇不可求的昂贵步枪视为"梦想步枪"。

■ WA2000狙击步枪前方视图

衍生型号

■ 第一代WA2000狙击步枪
装有罐型消焰器，枪管表面有凹槽。由于导气系统存在问题，所以很快就改进为第二代。

■ 第二代WA2000狙击步枪
采用传统消焰器，取消了枪管表面的凹槽，改进了导气系统和两脚架的结构。

主体结构

　　WA2000是一种半自动步枪，采用导气式回转枪机，短行程导气活塞位于枪管下方。机头有7个闭锁凸耳，机头进入弹膛尾部闭锁。沉重的比赛级枪管为自由浮置式，螺接在机匣上，位于两根铝合金支柱构成的步枪框架之间，在步枪框架下面有木制前托，框架上面有瞄准镜架和两脚架安装点。枪托的长度不可调，但托底板的高低和贴腮板高度可调，扳机力也可调，虽然是无托结构，但扳机力相当轻。整个发射机构可作为一个独立部件从框架上拆除，方便野战维护。

WA2000没有机械瞄具，配用可快速安装拆卸的瞄准镜。通常配的是施密特-本德的2.5～10倍可变倍瞄准镜。在夜间使用时可安装PV4夜视瞄准镜。WA2000使用单排可拆卸盒形弹匣供弹，弹匣容量为6发。弹匣插在握把后面。该枪可以发射.300 Winchester Magnum、7.62×51毫米NATO和瑞士7.5×55毫米三种枪弹。

■ WA2000狙击步枪右侧视角

作战性能

WA2000在设计时考虑到能对多个目标进行远距离打击的需要，因此并没有采用手动装填，而是采用半自动装填。一般半自动狙击步枪的射击精度会比手动狙击步枪要低一些，但由于WA2000生产质量极高，射击精度丝毫不逊于手动狙击步枪。

流行文化

在"007"系列电影的第15集《黎明生机》（The Living Daylights，1987）中，詹姆斯·邦德射杀卡拉时使用的外形古怪的步枪便是WA2000；在徐克导演的动作片《反击王》（Double Team，1997）中，也曾出现WA2000；在《谍影重重2》（The Bourne Supremacy2，2004）中，WA2000是主角伯恩使用的主要武器之一。

《彩虹六号》、《杀手代号47》、《特种部队OL》、《刺客任务：黑钱交易》、《战地之王》、《反恐精英OL》、《使命召唤：现代战争2》和《使命召唤：黑色行动》，WA2000均有登场。另外，在《全金属狂潮》（Full Metal Panic!）和《绯弹的亚里亚》（Aria the Scarlet Ammo）等小说中也曾出现WA2000。

■WA2000狙击步枪在《杀手代号47》中表现优秀

3.20 俄罗斯SV-98狙击步枪

- 影响力指数 ★★★★☆
- 枪械性能 ★★★★
- 技术创新 ★★★
- 生产总量 ★★★
- 使用国家 ★★
- 服役时长 ★☆

SV-98是由俄罗斯枪械设计师弗拉基米尔·斯朗斯尔研制、伊热夫斯克机械工厂生产的手动狙击步枪,以高精度著称。

■SV-98狙击步枪

服役时间	1998年至今	重量	5.8千克
口径	7.62毫米	弹容量	10发
全长	1200毫米	枪口初速	820米/秒
枪管长	650毫米	有效射程	1000米

诞生历史

自20世纪60年代以来,SVD系列狙击步枪一直是苏联军队乃至现今俄罗斯军队的主要狙击武器。尽管SVD狙击步枪作为战术支援武器很有效,但在中远距离上的精度很差,不适合远距离的精确射击,也不适宜面对人质劫持之类的任务,开发新型远程精确狙击步枪尤为必要。因此,伊热夫斯克机械工厂的枪械设计师弗拉基米尔·斯朗斯尔于1998年开始设计SV-98狙击步枪。同年,SV-98被俄罗斯执法机关和反恐怖部队少量试用,2005年底正式被俄罗斯军方采纳。2010年,亚美尼亚军方也购入了52支SV-98。

主体结构

SV-98采用旋转后拉式枪机,非自动发射方式。机头有三个对称间距的闭锁凸耳,与机匣上对应的闭锁槽配合,完成开闭锁动作。机匣、自由浮动式重型碳素钢枪管都由冷锻法制造,可按需要选择镀铬。枪管配有枪口螺纹接口,以便安装旋接圆锥形鸟笼式枪口消焰/制退器或消声器。与护木一体的枪托主体由复合板材制造，通常涂成绿色。SV-98配有后备机械瞄具和机匣顶部的MIL-STD-1913战术导轨，可用于安装日间/夜间光学狙击镜、红点镜及夜视镜组合，也可换装其他适配的瞄准镜导轨接口系统。

■射击训练场上的SV-98狙击步枪

■使用SV-98狙击步枪训练的俄军士兵

作战性能

与SVD和VSS狙击步枪强调战术灵活性不同，SV-98的战术定位专一而明确：专供特种部队、反恐部队及执法机构在反恐行动、小规模冲突以及抓捕要犯、解救人质等行动中使用，以隐蔽、突然的高精度射击火力狙杀白天或低照度条件下1000米以内、夜间500米以内的重要有生目标。SV-98的射击精度远高于发射同种枪弹的SVD，甚至不逊于以高精度闻名的奥地利TPG-1狙击步枪。不过，SV-98保养比较烦琐，使用寿命较短。

流行文化

SV-98经常出现在电子游戏中，如《特种部队OL》、《真实计划》、《战地之王》、《战地：叛逆连队》、《荣誉勋章2010》和《战地3》等。在《荣誉勋章2010》中，SV-98是塔利班狙击手的隐藏武器。

■SV-98狙击步枪在电子游戏中的出场频率较高

3.21 美国奈特M110半自动狙击手系统

影响力指数	★★★★☆
枪械性能	★★★★☆
技术创新	★★★★☆
生产总量	★★★☆
使用国家	★★
服役时长	★☆

M110半自动狙击手系统（M110 Semi-Automatic Sniper System，简称M110 SASS）是美国奈特公司（Knight's Armament Company，简称KAC）推出的7.62毫米口径半自动狙击步枪，曾被评为"2007年美国陆军十大发明"之一。

■M110狙击步枪

服役时间	2006年至今	重量	6.91千克
口径	7.62毫米	弹容量	20发
全长	1029毫米	枪口初速	783米/秒
枪管长	508毫米	有效射程	1000米

诞生历史

M110 SASS的开发目的是为了替换美国陆军狙击手、观察手、指定射手及班组精确射手的M24狙击步枪，美国陆军在提交计划后开放给多家公司参与，包括KAC和雷明顿/DPMS合伙公司。2005年9月28日，KAC的方案胜出，正式定名为M110半自动狙击手系统（在测试时名为XM110）。2006年年底，M110 SASS正式成为美军的制式狙击步枪，正式定名为M110 SASS。2007年4月，驻守阿富汗的美国陆军Fury特遣队成为首个使用M110 SASS作战的部队。

SR-25、Mk11 Mod0和M110 SASS皆改良于尤金·斯通纳在20世纪50年代设计的AR-10自动步枪，而M110 SASS改良于SR-25，因此设计上与SR-25及Mk11 Mod0半自动狙击步枪十分相似，但枪托及导轨系统有所改良，KAC还将AR-15/M16的一些通用部件改良至SR-25系列内，提高可靠性和准确度。

第3章 狙击步枪

■ 美军狙击手使用M110执行军事任务

■ 手持M110狙击步枪的美军士兵进入防御阵地

主体结构

M110 SASS与Mk11 Mod0比较相似,这两款武器的主要区别在于枪托、枪口装置以及导轨。M110 SASS使用的枪托是A2固定式造型和A1长度可调整式,此外,M110 SASS狙击步枪的枪管上还带有消焰器,并能安装改进的QD消音器,导轨则为URX模块导轨系统。此外,M110 SASS的弹匣释放按钮和保险、拉机柄均可两面操作。除了狙击步枪本身,M110 SASS的套装还包括Leupold(刘波尔特)3.5~10倍瞄准镜、便携式枪袋、Harris(哈里斯)可拆式两脚架、背带、AN/PVS-14夜视镜、快拆式消声器、数个20发弹匣和PAL专用弹匣袋及硬式储藏箱一个。

■ M110套装示意图

■ Leupold瞄准镜

作战性能

许多人都觉得M110 SASS只是美国陆军装备库内的一种可选武器,而非完全替代已经久经考验的M24。此外,对于半自动的狙击步枪是否适合专业狙击手也受到质疑,因为根据一些美军狙击手在伊拉克使用Mk11 Mod0步枪的情况来看,这种武器相比之下更适合在城市战里使用。到目前为止,M110 SASS狙击步枪的使用国仅有美国、新加坡和土耳其等。

全球枪械图鉴大全

■M110狙击步枪右侧视角

在阿富汗和伊拉克执行作战任务的美军都装备了M110 SASS。有的士兵认为，M110 SASS的半自动发射系统过于复杂，反不如运动机件更少的M24精度高。一般情况下，配用7.62毫米弹药的M24狙击步枪最大有效射程为800米，配用相同弹药的M110有效射程虽然超过1000米，但射击精度却明显不如前者。一些狙击手表示，为了杀伤敌人，他们不得不冒着暴露目标的危险多次射击，有时甚至被迫重新使用更为稳定的M24。

■ 美军狙击小队使用M110执行任务

流行文化

M110 SASS在影视剧中的出场次数并不多，但仍在一些射击游戏中登场，如韩国制作开发的休闲对战式网络游戏《特种部队》。游戏中的枪械大多来源于现实世界，包括M110 SASS。

■《特种部队》游戏海报

3.22 德国R93战术型狙击步枪

影响力指数	★★★★
枪械性能	★★★★
技术创新	★★★
生产总量	★★★
使用国家	★★★
服役时长	★★

R93战术型狙击步枪是由德国布拉塞尔（Blaser）公司研制的，可通过更换枪管的方式发射5.56毫米、5.59毫米、6毫米、6.5毫米、7.62毫米和8.59毫米等多种口径的弹药，目前已被德国、荷兰和澳大利亚等国的警察部队所采用。

■R93战术型狙击步枪

服役时间	1993年至今	重量	5.4千克
口径	8.59毫米（最大）	弹容量	4发、5发、10发
全长	1050毫米	枪管长	600毫米

诞生历史

R93战术型狙击步枪是由布拉塞尔公司R93系列猎枪衍生而来的专用狙击步枪，在布拉塞尔公司被西格-绍尔（SIG-Sauer）公司收购之后，其销售改由西格-绍尔公司负责。除战术型以外，该枪还有LRS 2（长射程运动用2型）和Tactical 2（战术2型）两种衍生型。目前，采用该枪的军警用户主要包括德国警察、荷兰警察、澳大利亚警察、澳大利亚军队、冰岛警察、巴西警察、保加利亚特种部队、法国巴黎警察、马来西亚军队、俄罗斯联邦安全局特种部队、乌克兰安全局特种部队、英国警察部队等。

■带有迷彩涂层的R93战术型狙击步枪

衍生型号

■ Blaser LRS 2型狙击步枪
LRS 2（Long Range Sporter 2）意为"长射程运动用2型"，应用了大量的新技术和新概念，可以通过更换枪管发射多种不同的枪弹，包括.22-250 Remington、.223 Remington、.308 Winchester和.300 Winchester Magnum等。

■ Blaser 战术2型狙击步枪
可以发射.223 Remington、.308 Winchester、.300 Winchester Magnum或.338 Lapua Magnum等枪弹，所有部件均为工程塑料制成，可以通过MIL-STD-1913战术导轨安装多种战术配件。

■ 法国警方使用R93狙击步枪

主体结构

和手动步枪一样,R93需要以手动的方式完成上膛与退膛动作。其枪机是奥地利斯泰尔M1895型步枪的直拉式设计,虽然这种设计已不常见,但好处是操作速度比其他的传统型手动枪机更快,熟练的射手可以使其射击速度不下于一支半自动步枪。该枪的瞄准具可通过MIL-STD-1913战术导轨安装在枪管,当拆除枪身底部所接驳的六角螺丝时,枪管和瞄准具可从枪身中拆除。这种设计的优点是分解后变得更紧凑、更方便携带,并可以在30秒内轻易地重新组装。配合原厂特制的比赛级弹药后,R93可以极准确地命中远处的小型目标。

流行文化

R93战术型狙击步枪曾在多部影片中出现,如《致命摇篮》(Cradle 2 the Grave,2003)、《尖峰时刻3》(Rush Hour3,2007)和《蝙蝠侠:黑暗骑士》(The Dark Knight,2008)等。另外,《幻灵镇魂曲》和《军火女王》等动画作品也曾出现该枪。

R93在电子游戏中也多次登场,如《反恐精英OL》、《战地之王》和《特种部队OL》等。其中,《战地之王》里为战术2型,《特种部队OL》里为战术型。

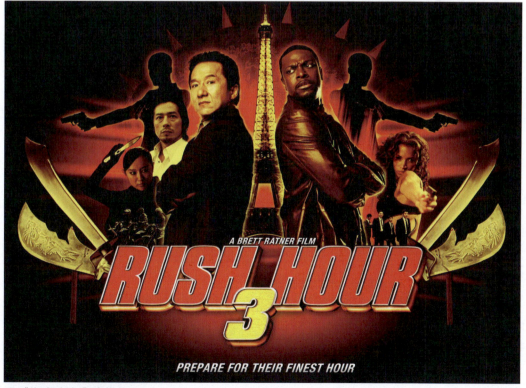

■《尖峰时刻3》海报

3.23 美国CheyTac M200狙击步枪

影响力指数	★★★★✩
枪械性能	★★★★✩
技术创新	★★★★✩
生产总量	★★★
使用国家	★★★
服役时长	★★

M200狙击步枪是由美国夏伊战术（CheyTac）公司生产的手动狙击步枪，可使用.408 CheyTac（10.36毫米）和.375 CheyTac（9.53毫米）两种口径的弹药，主要用途是阻截远距离的软目标。

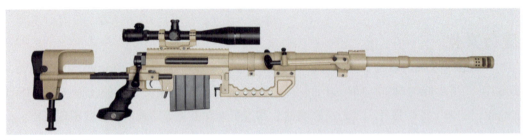

■ M200狙击步枪

服役时间	2001年至今	重量	14.06千克
口径	10.36毫米、9.53毫米	弹容量	7发
全长	1346.2毫米	枪口初速	993米/秒
枪管长	736.6毫米	有效射程	2000米

诞生历史

M200狙击步枪的研发者为兰迪·哥佛谢夫（Randy Kobzeff），2001年开始批量生产。2006年11月13日，夏伊战术公司曾在资料文件中宣称，"CheyTac长距离步枪系统被定位为一种在1828.8米的范围使用的反人员系统。.408口径的主要设计目的就是作为一种最大范围的反人员系统。"目前，该枪已被数个国家的特种部队采用，如捷克特殊任务小组、约旦SRR-61团、波兰陆军GROM特种部队、土耳其默鲁恩贝雷帽部队等。

■ M200狙击步枪右侧视角

衍生型号

■ M310狙击步枪
分为单发型和连发型。枪管长度为736.6毫米，固定枪托。

主体结构

　　M200狙击步枪使用手动枪机操作，发射机构装在机匣底部尾端，并在发射机座上装上了可自由伸缩设计的枪托，枪托配有折叠后脚架和托腮架。枪管为自由浮动式设计，只与机匣连接，且由圆柱形护木保护。枪管和枪机有凹槽以减少重量及提升张力，两者可以迅速更换或分解。护木上、弹匣前方的大型提把方便携行，同时也能充当前枪托，不使用时可以向下折叠。枪口设有PGRS-1制动器并可装上消声器，握把上设有手指凹槽。由于M200没有安装机械瞄具，必须利用机匣顶部的MIL-STD-1913战术导轨安装光学瞄准镜或夜视镜，而其他战术配件可于前端的战术导轨上安装。

　　事实上，M200只是夏伊战术公司的"长距离步枪系统"（Long Range Rifle System，LRRS）的一部分，除狙击步枪外还包括战术子弹弹道计算电脑（商用个人数码助理装上夏伊战术公司的弹道软件）、连接到个人数码助理的"红隼"4000小型天气跟踪装置（风、温度、湿度及气压感应器）和"导航"Ⅳ激光测距仪、"黑夜之力"NXS（5.5～22）×56瞄准镜和枪口装置（枪口制动器和消声器）。

■ M200狙击步枪前方视角

作战性能

　　夏伊战术公司的文件指出，整个M200狙击系统能够在2286米的远距离打出小于1MOA的精度，是所有现代狙击步枪之中射程最长的一支。这种说法或许有所夸大，但M200的性能确实颇为出色。该枪曾在美国爱达荷州打出了在最佳远程射击群组的世界纪录，3发子弹在2122.32米命中的群组为42.2厘米。当时，美国电视节目《新时代武器》

（Future Weapons）的主持人理查德·马科维斯（曾在"海豹"突击队服役）在第一次测试中打了九枪，前三枪击中了在距离822.96米以外的金属制人形枪靶，在第二次的"真正测试"中便打出了上述世界纪录。

■ M200狙击步枪的高精度曾创下世界纪录

流行文化

M200狙击步枪曾出现在多部电影、电视资讯节目、电脑游戏和动画里，如在电影《生死狙击》（Shooter，2007）中被鲍伯·李·史瓦格和伊萨·强森上校所使用。在《特种部队OL》、《反恐精英OL》、《使命召唤：现代战争2》和《国土防线》等电子游戏中，M200均有出场，但外观和性能不尽相同。在日本动画节目《天使的心跳》中，M200是主要角色仲村百合使用的武器之一。

■ M200也是《天使的心跳》的主要"配角"

3.24 法国FR-F2狙击步枪

影响力指数 ★★★
枪械性能 ★★★★
技术创新 ★★★
生产总量 ★★★
使用国家 ★
服役时长 ★★★

FR-F2是7.62毫米FR-F1狙击步枪的改进型,从20世纪80年代中期开始逐步取代FR-F1装备法国军队,目前仍是法国军队的主要武器之一。

■ FR-F2狙击步枪

服役时间	1985年至今	重量	5.3千克
口径	7.62毫米	弹容量	10发
全长	1200毫米	枪口初速	820米/秒
枪管长	650毫米	有效射程	800米

■ 使用FR-F2狙击步枪的法军狙击手

诞生历史

FR-F2狙击步枪是法国地面武器工业公司（GIAT）在7.62毫米FR-F1狙击步枪的基础上改进而成的，1984年底完成设计定型，从20世纪80年代中期开始逐步取代FR-F1，装备法国军队直到现在，装备级别和战术使命与FR-F1式完全相同。由于FR-F2的射击精度很高，从90年代开始便成为法国反恐部队（如法国宪兵特勤队）的主要装备之一，用于在较远距离上打击重要目标，如恐怖分子中的主要人物、劫持人质的要犯等。

■ 狙击手利用树杈作为FR-F2狙击步枪的支架

■ 在山坡上使用FR-F2监视目标的法国士兵

主体结构

FR-F2的基本结构如枪机、机匣、发射机构都与FR-F1一样。主要改进之处是改善了武器的人机工效，如在前托表面覆盖无光泽的黑色塑料；两脚架的架杆由两节伸缩式架杆改为三节伸缩式架杆，以确保枪在射击时的稳定，有利于提高命中精度。另外在枪管外增加了一个用于隔热的塑料套管，目的是减少使用时热辐射或因热辐射产生的薄雾对瞄准镜及瞄准视线的干扰，同时还降低了武器的红外特征，便于隐蔽射击。

FR-F2没有机械瞄准具，只能用光学瞄准镜进行瞄准射击，除配有4倍白光瞄准镜，还配有夜间使用的微光瞄准镜，从而使该武器具有全天候使用性能。

流行文化

在网络游戏《战地之王》中，FR-F2可以使用游戏币购买，有着极高的致死率及优异的弹道表现，为游戏中数一数二的狙击步枪。

3.25 德国MSG90狙击步枪

影响力指数 ★★★★
枪械性能 ★★★★
技术创新 ★★★
生产总量 ★★★
使用国家 ★
服役时长 ★★

MSG90是德国黑克勒·科赫公司研制的半自动军用狙击步枪，以PSG-1狙击步枪为基础改进而来，发射7.62×51毫米NATO枪弹。

■ MSG90狙击步枪

服役时间	1990年至今	重量	6.4千克
口径	7.62毫米	弹容量	5发、20发
全长	1165毫米	枪口初速	800米/秒
枪管长	600毫米	有效射程	800米

诞生历史

黑克勒·科赫公司研制的PSG-1狙击步枪拥有极高的射击精度，不过其价格太高，重量也太重，且射击时弹壳弹出的力道太大，射击后常常找不到弹出的弹壳，虽然这些缺点对于特警队而言并不会造成太大的问题，但是对军方在战场上运用的情形来说，就会造成极大的不便，因此PSG-1狙击步枪并没有被德国联邦国防军采用。

为了改变这种局面，黑克勒·科赫开始对PSG-1进行改良，试图让其符合军事用途。黑克勒·科赫将PSG-1的设计简化，减轻枪身各部的重量，并使用轻量化的枪管，达到了降低成本及减轻重量的目标，而成品就是MSG90狙击步枪。MSG是德文"Militarisch Scharfschutzen Gewehr"的缩写，意思是"军用精确步枪"，而90即指开始生产的1990年。

■ MSG90狙击步枪左侧视角

衍生型号

■ MSG90A1狙击步枪
2006年推出的改进型，工作原理与MSG90相同且使用同样的弹匣。主要改进是增加了枪口消焰器和后备机械瞄具。

■ MSG90A2狙击步枪
目前ＭＳＧ９０Ａ１已经全部改进为MSG90A2，两者在外观上基本相同。

主体结构

　　MSG90狙击步枪采用了直径较小、重量较轻的枪管，在枪管前端接有一个直径22.5毫米的套管，以增加枪口的重量，在发射时抑制枪管振动。另外，由于套管的直径与PSG-1的枪管一样，所以MSG90可以安装PSG-1所用的消声器。MSG90的塑料枪托也比PSG-1的要轻，枪托的长度同样可调，托腮板高低也可以调整，枪管和枪托是MSG90和PSG-1的主要区别。MSG90未装机械瞄准具，只配有放大率为12倍的瞄准镜，其分划为100~800米。机匣上还配有瞄准具座，可以安装任何北约制式夜视瞄准具或其他光学瞄准镜。和PSG-1一样，MSG90也可以选用两脚架或三脚架支撑射击，虽然三脚架更加稳定，但作为野战步枪，两脚架会比较适合。

流行文化

　　在射击网络游戏《穿越火线》中，MSG90狙击步枪是收费的，其弹匣容量为10/20发，性能稳定、威力较高，射速比PSG-1更快，颇受玩家欢迎。另外，在挑战模式"绝命之谷"的最后一个场地时，会有MSG90出现。

在以狙击手为主角的游戏《狙击手：幽灵战士》中，MSG90是一款综合性能非常不错的狙击步枪。

■ MSG90狙击步枪在电子游戏中颇受欢迎

3.26 美国雷明顿XM2010狙击步枪

影响力指数 ★★★
枪械性能 ★★★★
技术创新 ★★★
生产总量 ★★
使用国家 ★
服役时长 ★

XM2010增强型狙击步枪（Enhanced Sniper Rifle, ESR）是由美国雷明顿公司研制的手动狙击步枪，发射.300 Winchester-Magnum（7.62×67毫米）子弹。

■XM2010狙击步枪

服役时间	2011年至今	产量	约3850支
口径	7.62毫米	弹容量	5发
全长	1181毫米	枪口初速	869米/秒
枪管长	559毫米	有效射程	1188米
重量	26.68千克	最大射程	米

诞生历史

XM2010增强型狙击步枪是以M24狙击手武器系统为蓝本，目的是为了取代现有的M24。雷明顿公司在一连串招标过程过后成功中标，并且获得了一份固定价格不定期不定量的生产合同。根据合同，雷明顿公司将要改进3600支M24。美国陆军于2010年12月底从部队中撤回250支M24，以便进行升级并装备到陆军狙击手部队。2011年1月18日，美国陆军开始向2500名狙击手配发XM2010狙击步枪。同年3月，美国陆军狙击手开始在阿富汗的作战行动之中使用XM2010狙击步枪。

■XM2010套装

主体结构

　　XM2010被视为M24的"整体转换升级",当中包括转换膛室、枪管、枪托、弹匣、枪口制动器、消声器、光学瞄准镜、夜视镜。具体改进包括:扩大膛室,使得XM2010可以容纳.300 Winchester Magnum子弹;将枪管长度改为610毫米,254毫米标准膛线缠距,锤锻制造的自由浮动式枪管;改用新的枪托,将原来M24的HS精确射击公司PST-11凯夫拉、石墨纤维及玻璃纤维环氧树脂复合枪托改为类似雷明顿MSR的铝合金枪托。

　　为了适应不同狙击手的体型,XM2010的托腮板高度、枪托底板长度都可以调节,底盘装上的枪托可以在不使用时向右折叠,以缩短XM2010携行长度和方便运输和隐蔽性移动。前托装有可转换和拆卸式MIL-STD-1913战术导轨,用于安装各种战术配件。包裹枪管的管状前托的另一个优点是减少枪管发热产生的上升空气导致光学瞄准镜影像产生的扭曲现象。

■ 使用XM2010的美军狙击小队

第3章 狙击步枪

XM2010装有枪口制动器和大型螺接式消声器，可减少后坐力、枪口上扬和枪口焰，而消声器上可明显看见的特征就是装有抗热套筒以减少消声器的热量。XM2010还将原来M24的10倍固定倍率光学狙击瞄准镜改为Leupold Mark 4（6.5～20）×50毫米ER/T M5前焦式变倍光学狙击瞄准镜。夜间使用时，可在光学狙击瞄准镜前面串行安装AN/PVS-29夹式夜间狙击夜视镜。

■ 使用XM2010狙击步枪在野外作战的狙击手

作战性能

雷明顿公司宣称：每一支试验的XM2010增强型狙击步枪需要达到（而且通常超出）美国陆军提出的在200码距离散布圆直径等于或小于2英寸（50.8毫米，即是小于1MOA）的指标，然后才会装备至部队。而参与测试的美国陆军狙击兵学校也宣称他们在白天和夜晚都进行了大量的试射，认为武器完全满足指标，而且人体工程学比其他狙击步枪更为出色。

流行文化

在网络游戏《反恐精英OL》中，XM2010以M24的强化版登场。在游戏内使用沙色枪身，并可通过武器强化系统升级两种强化型外观。中国大陆地区于2011年5月18日推出该枪，命名为"巨蟒之牙"。

■ 美军士兵使用XM2010狙击步枪进行射击练习

■ XM2010狙击步枪已在《反恐精英OL》中登场

3.27 法国PGM Hecate Ⅱ 狙击步枪

- 影响力指数 ★★★
- 枪械性能 ★★★★
- 技术创新 ★★★
- 生产总量 ★★★
- 使用国家 ★★★
- 服役时长 ★★

PGM Hecate Ⅱ是法国现役狙击步枪，又称为FR-12.7狙击步枪。"Hecate"一名取自于希腊神话中的冥界女神"赫卡忒"。

■ PGM Hecate Ⅱ狙击步枪

服役时间	1993年至今	重量	13.8千克
口径	12.7毫米	弹容量	7发
全长	1380毫米	枪口初速	825米/秒
枪管长	700毫米	有效射程	1800米

诞生历史

PGM Hecate Ⅱ是法国PGM精密公司生产的新型模块化警用手动单发高精度步枪，诞生于20世纪90年代初。这种枪在警用部门又称为"Ultima ratio"，意为"最后的手段"。PGM Hecate Ⅱ更换枪管就可发射弹底直径相同而口径不同的枪弹，如7.62×51毫米北约弹、7.62毫米萨维奇弹等。另外还有一类特种型PGM精确射击步枪为12.7毫米勃朗宁口径。除法国外，该枪还被德国、波兰、瑞士、奥地利和拉脱维亚等国所采用。

■ PGM Hecate Ⅱ狙击步枪右侧视角

■ 使用PGM Hecate Ⅱ狙击步枪瞄准的狙击手

主体结构

PGM Hecate Ⅱ的机匣为模块结构，由铝合金制成，与其下面的斜置箱形梁螺接在一起。机匣箱形梁也由硬铝车铣而成，外包法国胡桃木，兼作枪的下护木。在下护木和枪管之间有一段10毫米的距离，使枪管在射击时可以浮动，并可以快速换上带消音器的枪管。枪机闭锁过程不仅平滑，而且不会倾斜。扳机是猎用型，扳机力可在0.3~1.4千克之间调整，扳机尾可以纵向调整，以适应手指长度不同、手掌大小不同的射手。帕克黑尔型两脚架在护木的下方，可向前折叠起来；配有本德公司3~12×50 Mil型瞄准镜。

流行文化

在2011年上映的法国动作片《特种部队》（Special Forces）中，拉斐尔·佩尔索纳饰演的狙击手使用的武器便是PGM Hecate Ⅱ狙击步枪。

■ 《特种部队》剧照，左二为手持PGM Hecate Ⅱ的狙击手

3.28 美国M25轻型狙击步枪

影响力指数	★★★✮
枪械性能	★★★★
技术创新	★★
生产总量	★★
使用国家	★
服役时长	★★

M25是美国陆军特种部队和海军特种部队于20世纪80年代后期以M14自动步枪为基础研制的一种轻型狙击步枪。

■ M25狙击步枪

服役时间	1993年至今	重量	13.8千克
口径	12.7毫米	弹容量	7发
全长	1380毫米	枪口初速	825米/秒
枪管长	700毫米	有效射程	1800米

诞生历史

M25狙击步枪最初是美国陆军第10特种大队（10th Special Forces Group）的汤姆·柯柏（Tom Kapp）上士设想的一种M21狙击手武器系统的改进型，由美国陆军和海军联合研制。1991年，美军把这种改进后的M21正式命名为M25，主要供应美国陆军特种部队和海军"海豹"突击队。在1991年的海湾战争中，"海豹"突击队就曾使用该枪参战。

■ 美军士兵在海湾战争中使用M25狙击步枪

主体结构

M25保留有许多M21的特征,都是NM级枪管的M14配麦克米兰的玻璃纤维制枪托及改进的导气装置,但M25改用Brookfield而非原来的Leatherwood瞄准镜座,并用Leupold的瞄准镜代替ART1和ART2瞄准镜,新的瞄准镜座也允许使用AN/PVS-4夜视瞄准镜。最早的XM25步枪的枪托内有一块钢垫,这个钢垫是让射手在枪托上拆卸或重新安装枪管后不需要给瞄准镜重新归零。但定型的M25取消了钢垫,而采用麦克米兰公司生产的M3A枪托。第10特种大队还为M25设计了一个消声器,使步枪在安装消声器后仍然维持有比较高的射击精度。

■ M25狙击步枪右侧视角

TIPS：

NM级是"纳米级"的简称,即以纳米技术制造的枪管。

作战性能

美国特种作战司令部将M25列为轻型狙击步枪,作为M24 SWS的辅助狙击步枪。因此,M25并不是用于代替美军装备的旋转后拉式枪机狙击步枪,而是作为狙击手的支援武器。特种部队认为,用M25作狙击小组的观瞄手武器比M16/M203的组合更佳（美国陆军和海军陆战队的狙击小组中的观瞄手通常是使用这种组合作为支援武器）,因为它能够准确地射击500米外的目标,另外M25也可以作为一种城市战的狙击步枪使用。

流行文化

M25狙击步枪曾出现在电影《太阳之泪》（Tears of the Sun, 2003）中,该片描述了一次由"海豹"突击队于西非国家尼日利亚的内战中的救援行动。影片并非专门刻画狙击手的电影,但仍有一些经典的狙击镜头,而这名"海豹"狙击手使用的正是M25狙击步枪。

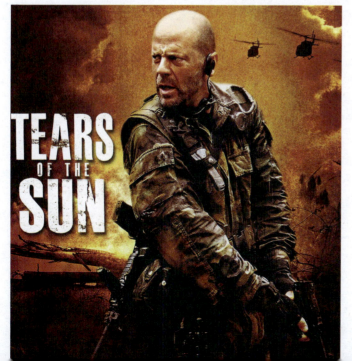

■《太阳之泪》海报

第4章 机 枪

机枪主要发射步枪或更大口径的子弹,能快速连续射击,以扫射为主要攻击方式,透过绵密火网压制对方火力点或掩护己方进攻。除了攻击有生目标之外,也可以射击其他无装甲防护或薄装甲防护的目标。

4.1 美国M1917重机枪

影响力指数 ★★★★★
作战性能 ★★★★✩
技术创新 ★★★✩
生产总量 ★★★
使用国家 ★★★★
服役时长 ★★★✩

M1917重机枪是美国枪械设计师勃朗宁研发，1917年成为美军的制式武器。该枪在一战和二战中都是美军的主力重机枪。

全枪长	965毫米	口径	7.62毫米
净重	47千克	有效射程	900米
初速	853.6米/秒	射速	450发/分
服役时间	1917~1975年	生产数量	200万挺

■ M1917重机枪全身照

■ 士兵使用M1917重机枪进行射击训练

TIPS：

在《普通人的战争》和《太平洋》等众多战争题材电影中，都出现过M1917重机枪。

■ 以M1917重机枪为主题的海报

诞生历史

1900年，著名枪械设计师勃朗宁成功设计了一种枪管短后坐式原理的重机枪，并获得了专利权。在此基础上做出较大改进后，勃朗宁于1910年制造出水冷式重机枪的样枪。

一战爆发后，由于美国从法国购买的M1915机枪性能不佳，无法满足美军要求，所以，美国军方希望能够在国内寻找一种更加优秀的机枪来替代它。这时勃朗宁设计的重机枪引起了美国国防部的注意，随后，美国战争部的一个委员会对该枪进行了射击试验。但是在射击试验多达2万发枪弹后，依然有人质疑勃朗宁机枪的性能。之后，勃朗宁又拿出一款使用加长单弹链的机枪，并在美国战争部的手里进行了长达48分12秒的连续射击试验，美军对这款机枪的表现非常满意，随后就与勃朗宁签了购买合同。

1917年，该枪被美军作为制式武器，并命名为M1917重机枪。在一战结束时，M1917式机枪已经生产了多达56608挺。

TIPS：

世界大战题材的影视剧，只要有战斗场面，基本上都是勃朗宁M1917A1机枪唱主角。在由HBO（美国有线电视网络媒体公司，全称为Home Box Office）制作，《兄弟连》原班人马出演的战争剧《太平洋》中，可以看出M1917A1机枪是名副其实的大杀器，充分印证了美军的俗语："用子弹橡皮管浇他"，即用密集火力覆盖敌人。

■ 测试中的M1917重机枪

■ 用于阵地防守的M1917重机枪

第4章 机枪

设计特点

M1917重机枪的瞄准装置为立框式表尺和可横向调整的片状准星。枪管使用水冷方式冷却，在枪管外套上有一个可以容纳3.3升水的套筒。该枪体积不算太大，但是算上脚架却重达47千克，因此显得非常笨重。

■ M1917重机枪水冷系统与马克沁重机枪相似

装备和使用情况

总体来说，M1917式机枪的性能优秀，在一战中被广泛使用，二战以及之后的局部战争中也有使用。装备M1917重机枪的国家主要为美国军队，此外波兰、菲律宾、阿根廷、挪威、瑞典等国家也有使用。

一战结束后，M1917有了重大的改进，去掉枪管上外罩的水筒，将水冷式改为气冷式，重量大幅度减轻，逐步推出了M1919系列机枪，其中有M1919A4、M1919A6等。

■ M1917重机枪改进型M1917A1

4.2 美国M2重机枪

影响力指数	★★★★☆
作战性能	★★★★☆
技术创新	★★★☆
生产总量	★★★★
使用国家	★★★★
服役时长	★★★★☆

M2重机枪出现在一战时期,是M1917的口径放大重制版本,它的出现是为了对抗英军坦克。该枪可以发射普通弹、穿甲燃烧弹和硬心穿甲弹等。

枪长	1650毫米	口径	12.7毫米
净重	58千克	有效射程	1830米
初速	930米/秒	射速	450~550发/分
服役时间	1921年至今(包含M2HB)	生产数量	300万挺

■ M2重机枪全身照

诞生历史

1916年9月15日,在索姆河会战中,英国的49辆坦克像怪物一样地突然出现,引起了美军士兵们极大的恐慌。为了能摧毁敌军坦克,美国军械局求助勃朗宁设计一种能使用12.7毫米口径弹药的重机枪。不久,勃朗宁便按照美国军械局的要求设计出了M2重机枪。

M2于1923年被美国军队采用为制式装备,当时部分的M2装有水冷散热装置,其他改进了枪管的(使用重型枪管)更名为M2HB。

第4章 机枪

■ 三脚架上的M2重机枪

设计特点

M2重机枪使用12.7毫米口径 NATO弹药,并且有高火力、弹道平稳、极远射程的优点,每分钟450～550发(二战时空用版本为每分钟600～1200发)的射速及后坐作用系统令其在全自动发射时十分稳定,射击精准度高。

该枪扳机装在机匣尾部并附有两个握把,射手可通过闭锁或开放枪机来调节全自动或半自动发射。M2机枪用途广泛,为了对应不同配备,它更可在短时间内改为机匣右方供弹而无需专用工具。

■ M2重机枪

装备和使用情况

M2重机枪成本低廉,作为各种装甲输送车、装甲侦察车和坦克等的附属武器,它备受订购者的青睐。1933～1946年间,该枪总产量约为200万挺。不过该枪停产了相当长的一段时间,于1979年由麦尔蒙特等公司恢复生产。20世纪90年代,世界上仍然有91个国家和地区装备使用这种机枪。直至今日,它仍在以直升机机枪、坦克高射机枪、坦克并列机枪、车装机枪等身份穿梭战场。

另外M2经常被用作飞机上的遥控式固定武器或空用机枪,又名AN/M2。飞机上的M2采用较轻型的枪管,以飞行时的吸风达至散热效果。

TIPS：

在2007年的美国国防工业协会轻武器研讨和展览会上,美国陆军展示了在M2HB基础上改进的增强型M2HB重机枪。增强型M2HB与M2HB重机枪的总体性能相差不大,只是增加了手动扳机保险、采用高效膛口制退器,此外,增强型M2HB安装了枪管定位系统。

■ 作为车载武器的M2重机枪

第4章 机枪

■ 美国海军双联装M2重机枪

4.3 英国刘易斯轻机枪

影响力指数	★★★★☆
作战性能	★★★★☆
技术创新	★★★☆
生产总量	★★★★
使用国家	★★★★
服役时长	★★★★☆

刘易斯轻机枪历经了一战和二战的洗礼,可谓是名副其实的老枪。由此可见,刘易斯轻机枪的性能和实用性都非常优秀。

枪长	1280毫米	口径	7.7毫米
净重	11.5千克	有效射程	800米
初速	745米/秒	射速	550~750发/分
服役时间	1915年	枪机种类	导气式

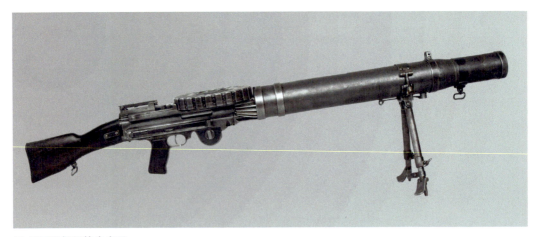

■ 刘易斯轻机枪全身照

诞生历史

20世纪初期,刘易斯研发了一种轻机枪,并向美国军方推销,但被美国军方拒绝采用。沮丧的刘易斯只好带着自己的新设计来到比利时,在一家兵工厂工作。一年后,一战爆发了,比利时兵工厂的员工们都纷纷逃亡英国,同时还带走了大量的武器设计方案和设备。逃亡到英国的比利时武器专家开始关注刘易斯设计的轻机枪,并且在英国伯明翰轻武器公司的工厂里生产刘易斯机枪。1915年,英国军队将刘易斯作为制式轻机枪,自此,刘易斯轻机枪总算是"出人头地"了。

第4章 机枪

■ 刘易斯轻机枪

设计特点

影响自动武器连发射击精度和枪管寿命的重要因素是散热。刘易斯轻机枪的散热设计非常独特。枪管外包有又粗又大的圆柱形散热套管，里面装有铝制的散热薄片。射击时，火药燃气向前高速喷出，在枪口处形成低压区，使空气从后方进入套管，并沿套管内散热薄片形成的沟槽前进，带走热量。这种独创的抽风式冷却系统，比当时机枪普遍采用的水冷装置更为轻便实用。

■ 刘易斯轻机枪枪管特写

■ 刘易斯航空机枪

装备和使用情况

一战时期,除了英国军队装备刘易斯轻机枪之外,还有许多国家也装备了该机枪,比如澳大利亚、法国、挪威、俄国、加拿大和敌对的德国军队。在1918～1921年苏联建国初期的国内战争中,英国人提供给白军大量的刘易斯轻机枪,结果大部分被红军缴获使用。红白双方的士兵都十分喜爱这种重量轻、携带方便的机枪。

1938年,英国军用布伦轻机枪取代了刘易斯轻机枪,但是敦刻尔克撤退后,英国面临着火力不足的尴尬局面,"走投无路"的英国军队不得不把已经"下岗"的刘易斯轻机枪再次搬出来。后来,随着英国布伦轻机枪产量的突飞猛涨,刘易斯轻机枪再次退出一线,转为英国地方志愿军的装备,并开始装备于飞机、船只等机动设备上。

尽管在二战时期,刘易斯轻机枪处于"打酱油"的位置,但是纵观其一生,还是充满了荣誉和骄傲。

■ 飞行员在为刘易斯轻机枪更换弹鼓

■ 士兵用刘易斯轻机枪进行射击练习

4.4 德国MG42通用机枪

影响力指数 ★★★★★
作战性能 ★★★★★
技术创新 ★★★★
生产总量 ★★★★
使用国家 ★★
服役时长 ★★

　　MG42通用机枪是德国于20世纪30年代研制的，它是二战中最著名的机枪之一。

枪长	1220毫米	口径	7.92毫米
净重	11.05千克	有效射程	1000米
初速	755米/秒	射速	1500发/分
服役时间	1942~1959年	生产数量	40万挺

■ MG42通用机枪全身照

■ MG42通用机枪

诞生历史

MG34通用机枪装备德军后,因其在实战中表现出较好的可靠性,很快得到了德国军方的肯定,从此成为德国步兵的火力支柱。然而,MG34有一个比较严重的缺点,即结构复杂,而复杂的结构直接导致制造工艺的复杂,因此不能大批量地生产。但战争中需要的是可以大量制造的机枪,按照MG34的生产效率,即使德国所有工厂开足马力也无法满足德军前线的需求。

有鉴于此,德军一直要求武器研制部门对MG34进行改进。德国设计师维纳·古诺博士(Dr. Werner Gruner)针对MG34进行了多项重要的改进,最终发展成了MG42通用机枪。

■ MG34(上)和MG42(下)

MG42通用机枪采用枪管短后坐式工作原理,滚柱撑开式闭锁机构,击针式击发机构。该枪的供弹机构与MG34通用机枪相同,但发射机构只能连发射击,机构中设有分离器,不管扳机何时放开,均能保证阻铁完全抬起,以保护阻铁头不被咬断。

MG42通用机枪的枪管更换装置结构特殊且更换迅速,该装置由盖环和卡笋组成,它们位于枪管套筒后侧,打开卡笋和盖环,盖环便迅速地将枪管托出。该枪采用机械瞄准具,瞄准具由弧形表尺和准星组成,准星与照门均可折叠。

TIPS:

由于MG42通用机枪的枪声非常独特,因此被各国军人取了许多绰号,如"亚麻布剪刀"、"希特勒的拉链"、"希特勒的电锯"或"骨锯"等。

■ 三脚架上的MG42通用机枪

装备和使用情况

二战中,德军步兵的战术是以机枪为核心,步兵班由机枪小组和步枪小组构成。发起攻击时,机枪小组负责压制敌军据点,步枪小组则利用地形接近敌军据点,然后在近战中用冲锋枪或手榴弹将敌军歼灭。而在防御时,机枪小组也是火力支柱,步枪小组负责警戒和保护机枪小组。MG42通用机枪完全可以胜任德军的战术需要,火力压制能力相当出色。该枪的射程和其他国家的机枪基本相当,但射速要快得多,一般机枪根本无法在对射中胜过MG42通用机枪。

MG42通用机枪在实战中也很可靠,即使在零下40摄氏度的严寒中,MG42通用机枪依然可以保持稳定的射击速度。MG42通用机枪可以通过简单流水线制造,其造价只有MG34通用机枪的70%,所费工时和材料只有MG34的50%。整个二战中,MG42通用机枪生产了约100万支(也有人说是70万支),数量非常庞大。

该枪优良的综合作战性能在二战中已经被证明，例如1942年，一群没有多少作战经验的美军士兵在北非突尼斯的一场战斗中，被MG42通用机枪射出的冰雹般的弹雨吓倒，这群士兵没有坚持多久便举手投降。

■ 士兵与MG42通用机枪

■ 二战中的MG42通用机枪

4.5 美国M61重机枪

- 影响力指数 ★★★★☆
- 作战性能 ★★★★☆
- 技术创新 ★★★☆
- 生产总量 ★★★☆
- 使用国家 ★★☆
- 服役时长 ★★★☆

M61是一种使用外力驱动六支枪管滚动运作、气冷、电子击发的加特林机枪。目前,美军主要将其安装在飞机、装甲车和舰艇等平台,能在短时间内以最大火力击杀对手。

枪长	1827毫米	口径	20毫米
净重	112千克	供弹方式	弹链或无链填弹系统
初速	1050米/秒	射速	6600发/分
服役时间	1959年至今	枪管数量	6根

■ M61重机枪

■ 战车上的M61重机枪

诞生历史

二战时期,美军轰炸机和战斗机装备的机枪都是"老掉牙"的勃朗宁系列机枪,此系列机枪中最大射速也只有1200发/分,就连1860年出生的加特林机枪都比它们强。为了能够提高轰炸机和战斗机的火力,1946年,美军决定重新启用被尘封已久的加特林理论,以此来开发一款射速可达6000发/分的高速机枪。

同年6月,美国的实力雄厚的军品商——通用电气公司,承包了这个研发项目,并取名为"火神计划"。1950~1952年,通用电气公司拿出了多款原型机炮给美国军方评估,在经过非常久的测试后,美国军方选择了T171型,并以此继续发展下去。在对T171型机炮经过一段时间的改进后,一款新型的机枪出现了,它就是M61重机枪。

■ 装配中的M61重机枪

设计特点

M61重机枪的六根枪管在每转一圈的过程中只需轮流击发一次，因此无论是产生的热量还是造成的磨损，都能限制在最低程度内。该机炮可以做到每秒钟高达100发的高速射击，这让战机驾驶员能在最短时间内，以最大火力击杀对手。

M61重机枪主要用于短程的空对空射击，以弥补在这个范围内因为距离太短、应变时间不足而无法使用导弹等较复杂装备的缺陷。

■ M61重机枪

第4章 机枪

装备和使用情况

M61重机枪家族在军队里服役已经超过半个世纪，第一架搭载M61重机枪的飞机是F-104战斗机，后来有多款战斗机和轰炸机都搭载过M61重机枪，其中包括F-105、F-106和F-111等。目前，美国空军的F-15、F-16和最新锐的F-22隐形战斗机都使用M61重机枪。

■ 装配车间里的M61重机枪

■ 位于战机翼底的M61重机枪

4.6 以色列Negev轻机枪

影响力指数	★★★★✩
作战性能	★★★★✩
技术创新	★★★★✩
生产总量	★★★✩
使用国家	★★★✩
服役时长	★★★✩

Negev轻机枪完全符合北约5.56毫米口径武器标准，目前，该枪是以色列国防军的制式多用途轻机枪，装备的部队包括以色列所有的正规部队和特种部队。

枪长	1020毫米	口径	5.56毫米
净重	7.5千克	有效射程	1000米
初速	950米/秒	射速	750～950发/分
服役时间	1997年至今	枪机种类	气动、转栓式

■ Negev轻机枪全身照

TIPS：

Negev一般音译为"内盖夫"，是巴勒斯坦南部的一个地区名。

诞生历史

1990年，以色列的军队，包括徒步士兵、车辆、飞机和船舶装备的机枪是FN MAG58。虽然该机枪的通用性极好，但作为单兵器来说，该枪还是显得太笨重，不便于士兵携带。因此，以色列国防军需要寻找一种新型的便于携带的轻机枪，来增强步兵分队的压制火力。

按照军方的要求，以色列军事工业公司为他们打造了一款新型的轻机枪——Negev轻机枪。正当以色列国防军打算采用Negev轻机枪时，半路杀出个FN Minimi机枪，这两种枪在性能上相差无几，并且在1990年以色列就已经装备了少量的Minimi机枪。相对于Negev轻机枪来说，FN Minimi机枪的优势就在于经历过实战检验，而且价格便宜。但是后来FN

Minimi机枪没有得到适当的维护,导致性能下降,所以在以色列国防军中的声誉也开始有所下滑;另一方面,以色列军事工业公司通过政治手段向军方施压,要求军方"支持国产",因此以色列国防军才最终决定采购比FN Minimi价格高的"国产货"Negev轻机枪。

■ 装备Negev轻机枪的以色列士兵

■ Negev轻机枪与弹药

设计特点

Negev轻机枪使用的枪托可折叠存放或展开，这个灵活性已经让Negev被用于多种角色，例如传统的军事应用或在近距离战斗使用中。Negev轻机枪能使用标准"软式攻击型弹鼓"。此外，该枪也装备了可拆卸弹匣。

TIPS：

弹鼓是一种圆形的供弹具，因为类似鼓而得名。一般常见的弹鼓可分作两种类型，即单室型和双室型。著名的C-Mag弹鼓就是双室型的代表作，该弹鼓采用塑料制造，两个弹室中间以弹匣适配器来连接，具有100发弹药容量，比金属制造的单室型弹鼓更轻更紧凑。

■ Negev轻机枪与弹鼓

装备和使用情况

虽然Negev轻机枪除了作为单兵携行的轻机枪之外，它还可以用于车辆、飞机和船舶上，但是，以色列国防军在此类平台上使用武器还是FN MAG58，因此Negev轻机枪主要还是装备步兵分队。

目前，标准型的Negev轻机枪被常规部队使用，而突击型只配备到少数特种部队。沙漠战场上的战斗环境通常都比较开阔，而标准型的Negev轻机枪有着较长的枪管，所以在远射程上的精度更高，因此在沙漠作战的以色列特种部队最常用的还是Negev标准型。

第4章 机枪

■ 沙地战场上的Negev轻机枪

4.7 苏联/俄罗斯RPD轻机枪

影响力指数 ★
作战性能 ★★
技术创新 ★★

　　RPD轻机枪是捷格加廖夫于1943年设计的，有结构简单紧凑、质量较轻、使用和携带较为方便等优点。

枪长	1037毫米	口径	7.62毫米
净重	7.62千克	有效射程	800米
初速	735米/秒	射速	700发/分
服役时间	1944年至今	枪机种类	气动式

■ RPD轻机枪全身照

193

诞生历史

二战后期，苏联红军机械化建设日新月异，过去只适合静态阵地战的重机枪，并不适用运动作战。虽然苏联红军装备了一些轻机枪，如DP/DPM轻机枪，但其重量仍然让步兵们感到携带吃力，鉴于此，苏联红军迫切需要一种能够紧随步兵实施行进间火力支援的轻便机枪。根据这个要求，捷格加廖夫设计出一种结构独特的轻机枪——RPD轻机枪。

■ 淤泥中的RPD轻机枪

■ RPD轻机枪弹匣特写和它的改进版RPK（前）

■ 无弹匣的RPD轻机枪

第4章 机枪

设计特点

　　RPD轻机枪采用导气式工作原理，闭锁机构基本由DP轻机枪改进而成，属中间零件型闭锁卡铁撑开式，借助枪机框击铁的闭锁斜面撞开闭锁片实现闭锁。该枪采用弹链供弹，供弹机构由大、小杠杆，拨弹滑板，拨弹机，阻弹板和受弹器座等组成，弹链装在弹链盒内，弹链盒挂在机枪的下方。该枪击发机构属平移击锤式，机框复进到位时由击铁撞击击针。

　　该枪的瞄准装置由圆柱形准星和弧形表尺组成。准星可上下左右调整，两侧有护翼。表尺有U形缺口照门，表尺板上刻有10个分划，每个分划代表100米距离。另外，该枪还设有横表尺用以修正方向，转动移动螺杆可使照门左右移动。

■ RPD轻机枪站立射击测试

■ RPD轻机枪俯卧射击测试

装备和使用情况

RPD轻机枪在二战结束后正式装备苏军,以代替DP轻机枪。该枪为战后苏联的第一代班用支援武器,也在相当长一段时间里作为华沙条约组织国家的制式轻机枪。

该枪是第一把使用7.62×39毫米口径子弹的机枪,与SKS半自动步枪及AK-47突击步枪所使用的弹药相同。目前,RPD轻机枪在一些东南亚及非洲国家仍有装备。

■ 士兵手中的RPD轻机枪

■ 大量的RPD轻机枪

4.8 美国加特林机枪

影响力指数 ★
作战性能 ★★
技术创新 ★★

加特林机枪是一种手动型多管旋转机枪,由美国人理查·乔登·加特林在1861年设计。

枪长	1079毫米	口径	7.62毫米
净重	27.222千克	有效射程	1200米
枪管长度	673毫米	射速	200发/分
服役时间	1862~1911年	操作人数	4人

■ 原始加特林机枪全身照

■ 加特林机枪手绘图

诞生历史

1861年,美国内战打响了,作为医生的加特林看到了许许多多战场上受伤死亡的士兵,感到万分伤痛,于是在他心中就萌生了一个想法:发明一种枪,依靠凶猛的火力,让一个士兵战斗力顶上一个连,从而减少战场上士兵的人数,以达到减少战争伤亡目的。

之后,加特林医生一方面在医院救死扶伤,一方面在思索着新型机枪的计划。1861年夏天,加特林完成了机枪模型,并于次年进行了验证。1862年11月4日,加特林机枪已经完全成型。1865年以后,加特林机枪的枪管由4根改为6根,1868年又增加到了10根。1870年,英国政府将加特林机枪与其他机枪做了对比试验后,认为加特林机枪比较符合他们的标准,于是便建厂生产加特林机枪。与此同时,沙俄政府也购买了加特林机枪,更名为戈洛夫机枪。

■ 加特林机枪手绘图

TIPS：

近代的加特林机枪以电子系统运作，常用于战斗机及攻击机等军用飞机上，最大射速普遍能达到6000~10000发/分，而"加特林机枪"这个名词也变成了"加特林机炮"。

■ 加特林与他的机枪

设计特点

1862年生产的加特林机枪使用的是独立钢制弹膛（弹膛与枪管分离），它的尾部封闭并装有撞击火帽。射手通过摇动曲柄带动沿圆周均匀排列的枪管旋转，装满弹药的弹膛从供弹料斗中进入每根枪管后面的闭锁槽中，当枪管转到某个特定位置时，击针将弹药击发。而枪管转动到另一位置时，射击后的弹膛退出枪壳。枪管旋转一周可完成6发弹药的装填、击发和退弹，但是存在火药燃气泄漏等缺点。为解决这一难题，加特林使用了当时开发的独立金属弹壳弹药，这种弹药结构被后来所有机枪的设计者沿用。

TIPS：

转管机枪的原理是：弹膛不动而枪管连续不断地旋转，每个发射管都有自己的闭锁机构，分别依次完成进弹、闭锁、击发及抛壳等动作，一般采用电机驱动。这种设计有两个优点：第一，枪管高速旋转可加速冷却；第二，由于枪是由外能源带动，所以有较高的可靠性。

同年，还有一种加特林机枪使用14.73毫米口径的铜质弹壳边缘发火式弹药。为了让独立的弹膛与枪膛同轴，加特林使用了锥形枪膛。枪管后部直径加大，使得弹丸进入枪管更加容易，但在解决装填问题的同时，却产生了由于枪膛直径过大，弹头在飞行过程中翻滚的问题。

第4章 机枪

装备和使用情况

1862年，当时军队不知道如何有效地将一挺机枪作为大炮使用，所以加特林机枪没有多少表演舞台，只是在步兵进攻时，将其作为支援武器。

19世纪末期，加特林机枪是欧洲各国控制并扩张殖民地的重要武器，经过改进后的加特林机枪射速最高曾达到每分钟1200发，这在当年算得上是个惊人的数字。

TIPS：

1879年的祖鲁战争，英国军队借助加特林机枪主宰了战场上的主动权。可以说，那个时代的战争，谁装备了加特林机枪，谁就为胜利加一分。直到19世纪80年代，马克沁机枪的问世，加特林机枪才被挤出战争的舞台。

■ "精装版"加特林机枪

■ 加特林机枪射击测试

4.9 英国布伦轻机枪

影响力指数 ★
作战性能 ★★
技术创新 ★★

布伦轻机枪是英国在二战中装备的主要轻机枪之一,也是二战中最好的轻机枪之一。

枪长	1156毫米	口径	7.62毫米
净重	10.43千克	有效射程	550米
初速	743.7米/秒	射速	500~520发/分
服役时间	1938~1958年	枪机种类	导气式

■ 布伦轻机枪全身照

■ 二战时期英军步兵排中的布伦轻机枪

■ 布伦轻机枪通常由两人操作

诞生历史

1933年，英国军方选中了斯洛伐克捷克的ZB26轻机枪，并在该枪的基础上研发出了布伦轻机枪。1938年，英国正式投产布伦轻机枪，英军方简称"布伦"或"布伦枪"，其名字来源于生产商布尔诺（Brno）公司和恩菲尔德（Enfield）兵工厂，由Brno的Br和Enfield的En字母组合而成。

■ 布伦轻机枪全方位照

设计特点

布伦轻机枪采用导气式工作原理，枪机偏转式闭锁方式。该枪的枪管口装有喇叭状消焰器，在导气管前端有气体调节器，并设有4个调节挡，每一挡对应不同直径的通气孔，可以调整枪弹发射时进入导气装置的火药气体量。该枪拉机柄可折叠，并在拉机柄、抛壳口等机匣开口处设有防尘盖。

■ 布伦轻机枪上设计的提把，方便士兵携带行走　　■ 士兵使用布伦轻机枪进行射击

装备和使用情况

  布伦轻机不但装备英军，也被保加利亚、印度、尼泊尔、荷兰、波兰、斯里兰卡、印度尼西亚、希腊等国大量采用。

  自1938年装备英军以来，布伦轻机枪在世界多场战争和武装冲突中亮相，其中包括二战、第一次中东战争、第二次中东战争和印巴战争等。

■ 安装了两脚架的布伦轻机枪

第4章 机枪

■ 手持布伦式轻机枪的士兵

■ 布伦轻机枪和枪管、刺刀等

4.10 新加坡Ultimax 100轻机枪

影响力指数 ★
作战性能 ★★
技术创新 ★★

　　Ultimax 100轻机枪由新加坡特许工业有限公司研发生产，其特点是重量轻、命中率高，除了被新加坡军队采用外，也出口到其他国家。

枪长	1024毫米	口径	5.56毫米
净重	4.9千克	有效射程	800米
初速	970米/秒	射速	400~600发/分
服役时间	1985年至今	生产数量	8万挺（本地）

■ Ultimax 100轻机枪全身照

诞生历史

美国枪械设计师詹姆斯·沙利文是一个能力出群的人物，曾领导过包括斯通纳在内的许多著名的轻武器设计师，他所参与过的轻武器研究有著名的M16突击步枪。1978年，詹姆斯·沙利文在新加坡军方的委托下，与另一位设计师鲍伯·沃德菲尔德一起设计了一款轻机枪。1979年6月，新加坡军方对该新型轻机枪进行了测试，随后，于1981年定型，并命名为Ultimax 100。

■ Ultimax 100轻机枪射击测试

■ 测试基地中的Ultimax 100轻机枪

设计特点

Ultimax 100轻机枪采用旋转式枪机闭锁系统，枪机前端附有微型闭锁凸耳，只要产生些许旋转角度便可与枪管完成闭锁。该枪最特别之处是它采用恒定后坐机匣运作原理，枪机后坐行程大幅度加长，令射速和后坐力比其他轻机枪低，但射击精准度要高。

该枪的重量极轻，枪支本身重量不过4.9千克，重量和旧式突击步枪相当，即使装上塑胶制的100发专用弹鼓并装满子弹，总重量也不过约6.8千克。该枪采用射程可调窥孔式照门，枪管上的刺刀座通用M16突击步枪的刺刀。

装备和使用情况

Ultimax 100轻机枪于1982年开始装备新加坡武装部队，另外包括菲律宾、印度尼西亚、津巴布韦、克罗地亚、洪都拉斯和秘鲁等众多国家的军队都在使用该枪，而且美国"海豹"突击队和以色列特种部队也有少量使用。

2001年，为了更接近北约的要求，新加坡特许工业有限公司研制了能通用M16突击步枪弹匣的Ultimax 2000轻机枪，这个型号设计有折叠式枪托，并在机匣顶部增设皮卡汀尼导轨，但该型号没有投产。

第4章 机枪

■ Ultimax 100轻机枪野外作战

4.11 苏联/俄罗斯DP/DPM轻机枪

影响力指数 ★
作战性能 ★★
技术创新 ★★

　　DP轻机枪于1928年装备苏联红军，DPM（"M"表示改进型）轻机枪是1944年在DP轻机枪的基础上改进而来的，这两种轻机枪是苏联在二战中装备最多的轻机枪之一。

■ DP轻机枪

205

枪长	1270毫米	口径	7.62毫米
净重	9.2千克	有效射程	800米
初速	840米/秒	射速	500~600发/分
服役时间	1928年至今	供弹方式	47发弹盘

诞生历史

以马克沁重机枪为首的重型武器，在20世纪算得上是武器中的"大牌明星"，风靡了半个世纪。一战结束后，人们发现由于重机枪质量过重，移动能力太差，无法有效发挥机枪的威力，于是人们逐渐重视起机枪的机动性，轻机枪概念随之产生。之后，各国相继研制了很多种结构不同、性能各异的轻机枪。

按照苏联红军当时的战斗要求，陆军班用轻机枪必须像步枪一样可以卧姿、跪姿、立姿、行进间端枪或挟持等任何姿势射击，并可突然开火，以猛烈的点射或连续射击横扫敌人。1923年，捷格加廖夫根据该要求开始了轻机枪的设计。1927年12月21日，捷格加廖夫设计的轻机枪通过了零下30摄氏度试验，随后，被苏联红军定为制式装备，并命名为DP轻机枪。

在之后的使用过程中，苏军发现DP轻机枪连续射击后，枪管会发热致使枪管下方的复进簧受热而改变性能，影响武器的正常工作。随后，捷格加廖夫将复进簧改放在枪尾内，DP轻机枪也改名为DPM轻机枪。

■ 博物馆中的DP轻机枪

设计特点

DP轻机枪结构比较简单，一共只有65个零件。而且该枪制造工艺要求不高，适合大量生产，这也是它被苏军广泛采用的原因之一。圆状弹盘是该枪最大的特征，它平放在枪身的上方，由上下两盘合拢构成，上盘靠弹簧使其回转，不断将弹送至进弹口。

该枪的瞄准装置由柱形准星和带V形缺口照门的弧形表尺组成，准星上下左右均能调整，两侧有护翼，表尺也有护翼，该护翼兼作弹盘卡笋的拉手。

DPM与DP没有太大差别，仍采用弹盘供弹，但是在机匣后端配用弹簧缓冲器，另外就是使用厚管壁重型枪管。

■ DPM轻机枪枪口特写

■ DP轻机枪（上）和它的另一种改进型DT轻机枪（下）

装备和使用情况

虽然苏联在二战结束后以RPD及RPK等较新型的轻机枪取代了DP轻机枪，但仍有许多国家的军队在使用。DP轻机枪还曾出现在1991开始的索马里内战、2011年的利比亚内战等武装冲突中。

■ 苏军士兵手中的DP轻机枪

4.12 苏联/俄罗斯PK通用机枪

影响力指数 ★
作战性能 ★★
技术创新 ★★

1959年，PK通用机枪开始少量装备苏军的机械化步兵连。20世纪60年代初，苏军正式用PK通用机枪取代了SGM轻机枪，之后，其他国家也相继装备PK系列通用机枪。

枪长	1173毫米	口径	7.62毫米
净重	25.47千克	有效射程	1000米
初速	825米/秒	射速	650发/分钟
服役时间	1960年至今	枪机种类	气动式

TIPS：
PK系列通用机枪的设计者是米哈伊尔·季莫费耶维奇·卡拉什尼科夫，他是以设计AK-47突击步枪而闻名的。

■ PK通用机枪全身照

■ 伊拉克军队使用的PK通用机枪改进版PKS

诞生历史

20世纪50年代初,苏联枪械设计师尼克金和沙科洛夫设计了一种弹链式供弹的7.62毫米口径机枪——尼克金-沙科洛夫机枪。与此同时,另外一个枪械师卡拉什尼科夫也在进行着相同的工作,他的设计是PK通用机枪。1961年,苏军对他们各自的产品做了对比试验后,最终采用了表现更为可靠、生产成本较低的PK通用机枪。

TIPS：

虽然尼克金-沙科洛夫机枪没有被采用,但他们并没有气馁。1972年,尼克金和沙科洛夫卷土重来,设计了HCB"岩石"机枪,以取代DShK和DShKM重机枪。

■ PK通用机枪全身照

■ PK通用机枪与弹药

设计特点

PK通用机枪的原型是由AK-47突击步枪,两者的气动系统及回转式枪机闭锁系统相似。通用机枪枪机容纳部(包裹枪管等部件的上机匣)用钢板压铸成形法制造,枪托中央也挖空,并在枪管外围刻了许多沟纹,以致PK通用机枪只有9千克。PK通用机枪发射7.62×54毫米口径弹药,弹链由机匣右边进入,弹壳在左边排出。

1969年,卡拉什尼科夫推出了PK通用机枪的改进型,称为PKM通用机枪。在冷战时期,PK/PKM系列通用机枪广泛分布到世界各地,并在许多地区冲突中使用。PK系列机枪也被许多苏联/俄罗斯以外的国家生产,如保加利亚、匈牙利、罗马尼亚、波兰和前东德等国家。

■ 匈牙利士兵使用PK通用机枪

■ 波兰士兵使用PKM通用机枪

4.13 英国马克沁重机枪

影响力指数 ★
作战性能 ★★
技术创新 ★★

马克沁重机枪是由海勒姆·史蒂文斯·马克沁于1883年发明的,并在同年进行了原理性试验,之后,于1884年获得专利。

枪长	1080毫米	口径	7.69毫米
净重	27.2千克	有效射程	2000米
初速	740米/秒	射速	500发/分
服役时间	1889~1945年	操作人数	4人

■ 马克沁重机枪半身照

■ 1908年版的马克沁重机枪

诞生历史

在马克沁机枪出现以前,人们使用的枪都是非自动的,每发射一颗子弹后,就要人为地去填装,速度慢一点的士兵,还没装好子弹就已经被敌人射杀了。一场战斗打下来,三分之一的时间都是在填装子弹。而马克沁机枪在发射子弹的瞬间,枪机和枪管扣合在一起,利用火药气体能量作为动力,通过一套机关打开弹膛,枪机继续后坐将空弹壳退出并抛至枪外,然后带动供弹机构压缩复进簧,在弹簧力的作用下,枪机推弹到位,再次击发。这样一旦开始射击,机关枪就可以一直射击下去,直到子弹带上的子弹打完为止,能够省下很多装弹时间。

1882年,马克沁在英国考察时发现了一个现象:士兵的肩膀被老式步枪的后坐力撞得青一块紫一块。这说明枪发射子弹所产生的后坐力非常巨大,这些现象在普通人看来并没有什么特别之处,可是马克沁却从中找到了武器自动连续射击的动力。马克沁首先在一支老式的温切斯特步枪上进行试验,利用射击时子弹喷发的火药气体使枪完成开锁、退壳、送弹、重新闭锁等一系列动作,实现了单管枪的自动连续射击,并减轻了枪的后坐力。

1884年，马克沁根据这个原理设计出了世界上第一支能够自动连续射击的机枪，射速达每分钟600发以上。此外，由于枪管连续地高速发射子弹会导致发热，为了解决这一问题，马克沁采用水冷方式帮助枪管冷却。

■ 以马克沁重机枪为核心的步兵班

■ 士兵使用马克沁重机枪射击

设计特点

为了保证有足够子弹满足这种快速发射的需要，马克沁发明了帆布子弹带，带长6.4米，容量333发。弹带端还有锁扣装置，以便可以连接更多子弹带。

随后马克沁又发明了一种后来被广泛效仿的油压缓冲器，使机枪可以更改发射子弹的速度。

■ 士兵搬运马克沁重机枪

TIPS：

当时"丧心病狂"的马克沁甚至设想在枪上加一种机构，使机枪在手指离开扳机后仍能继续射击，直到弹带上的子弹打完。

第4章 机枪

装备和使用情况

让马克沁重机枪名声大噪是一战。当时德军装备了马克沁MG08重机枪,在索姆河战斗中,一天的工夫就打死几万名英军。从那以后,各国军队相继装备马克沁重机枪,马克沁重机枪由此成为了闻名的"杀人利器"。

在二战中,马克沁重机枪已经落伍了,但仍然有许多国家的军队在使用。虽然德军一线部队开发了MG34通用机枪和MG42通用机枪,但德军二线部队仍在使用马克沁MG08重机枪。

■ 一战时期的杀人利器马克沁重机枪

4.14 苏联/俄罗斯DShK/DShKM重机枪

影响力指数 ★★
作战性能 ★★★
技术创新 ★★★

DShK重机枪是捷格加廖夫于20世纪30年代设计的,DShKM重机枪是其改进型号。该枪在二战期间被步兵分队广泛应用于低空防御和步兵火力支援,也在一些重型坦克和小型舰艇上作为防空机枪。

枪长	1625毫米	口径	12.7毫米
净重	191千克	有效射程	2000米
初速	850米/秒	射速	600发/分
服役时间	1938年至今	枪机种类	气动式

■ 三脚架上的DShK/DShKM重机枪

诞生历史

1930年，捷格加廖夫应苏联军方要求设计了一款口径为12.7毫米的重机枪——DK重机枪。1931年被该枪被苏军正式采用，并在1933～1935年期间少量生产。该枪的整个系统基本上是DP轻机枪的放大型，只是枪弹威力更大。由于它采用的鼓形弹匣供弹具只能装弹30发，而且又大又重，因此战斗射速很低。1938年，DK机枪有了些改进，主要是换装了斯帕金设计的转鼓形弹链供弹机构，有效增加了机枪的实际射速。次年2月，改进后的DK重机枪正式被采用，并重新命名为DShK重机枪。

二战后期，捷格加廖夫对DShK重机枪进行了改进，主要是用旋转的弹链式供弹机构代替比较原始的套筒式动作机构。改进后的新机枪在1946年正式被采用，并重新命名为DShKM重机枪。

TIPS：

DShK/DShKM重机枪在它们出现的年代是一种非常成功的武器，但是这种枪太重、太复杂，而且生产成本偏高，在恶劣环境下的可靠性欠佳，因此最后还是被其他更好的重机枪所代替。

第4章 机枪

■ 坦克上的DShK/DShKM重机枪

■ DShK/DShKM重机枪一般用作防空机枪

设计特点

　　DShK重机枪采用开膛待击，闭锁机构为枪机偏转式，依靠枪机框上的闭锁斜面，使枪机的机尾下降，完成闭锁动作。自动机系统与DP-27轻机枪上的类似，但按比例增大枪机和机匣后板上的机框缓冲器组件。

　　该枪使用不能快速拆卸的重型枪管，枪管前方有大型制退器和柱形准星，枪管中部有散热环增强冷却能力，枪管后部下方有用于结合活塞套筒的结合槽，上方有框架形立式照门。导气箍上有气体调整器，用于调整作用于活塞上的气体，以保证复进机有适当的后坐速度。

TIPS：

　　为了提高射速，DShK重机枪还采取了如下措施：增加缓冲簧力，增加复进速度，在弹膛部分开槽以减小抽壳阻力，运动接触面间增加滚轮以减小运动阻力、增大活动部分运动速度等。

■ DShK/DShKM重机枪射击测试

215

DShKM与DShK基本相同，主要的变化是供弹机构。DShK机枪的供弹机构由拨弹滑板、拨弹杠杆和拨弹臂等组成，受弹机盖呈低矮的方形，这是区别DShKM与DShK的一个明显外观标志。

DShK/DShKM重机枪采用科列斯尼科夫设计的多用途枪架。该枪架由两个前脚架、一个后脚架和座盘组成，还有一对轮子，便于步兵拖行。后脚架上有一个鞍座，射手可坐在这个鞍座上射击。枪架还配有可拆卸的钢盾。

装备和使用情况

二战时期，DShK重机枪被各军队采用，一般情况都是安装在转轴三脚架作固定防空用途，或装在GAZ-AA防空装甲车上。

DShK重机枪有很多个国家都在生产，如巴基斯坦、罗马尼亚等，越南战争中该枪也有出现。20世纪70年代早期，DShK重机枪被苏联以现代化的KPV重机枪和Kord重机枪取代，但俄罗斯军队中仍然保留有不少DShKM重机枪作为坦克或装甲车上标准配备武器。

■ 博物馆中的DShK/DShKM重机枪

4.15 苏联/俄罗斯NSV重机枪

影响力指数 ★
作战性能 ★★
技术创新 ★★

由于NSV重机枪整体性能卓越，且多处结构有所创新，所以曾被华约成员国广泛用作步兵通用机枪，其地位与勃朗宁M2重机枪不相上下。

枪长	1560毫米	口径	12.7毫米
净重	25千克	有效射程	1500~2000米
初速	845米/秒	射速	700~800发/分
服役时间	1971年至今	枪机种类	气动式

■ NSV重机枪全身照

诞生历史

20世纪30年代，苏联军队装备的重机枪大部分是DShK重机枪。随着战争形式的日新月异，DShK重机枪的弊病开始浮现出来，其中之一就是无法适应步兵在转移中射击。为了能够适应战场，苏军对重机枪的要求是轻便、容易操作和可靠性高。1961年，NSV重机枪诞生，随后，便DShK重机枪进行对比试验，结果NSV重机枪各个方面都胜DShK重机枪一筹。

■ 军事基地中的NSV重机枪

TIPS：

20世纪70年代初，NSV重机枪配装了6T7枪架，以对付地面目标，该型号被命名为NSVS重机枪。NSV/NSVS由乌拉尔河沿岸的乌拉尔斯克兵工厂生产，并全面替代DShK重机枪。

设计特点

NSV重机枪全枪大量采用冲压加工与铆接装配工艺，这样既简化了结构，又减轻了全枪重量，生产性能也较好。在恶劣条件下使用时，该枪比DShK重机枪的性能更可靠，并可作车载机枪或在阵地上使用。

■ 悍马车上的NSV重机枪

NSV重机枪的机框与枪机通过2个卡铁连接成类似缩放仪的平行四连杆闭锁机构。当机框在火药燃气作用下后退时，2个卡铁的作用使枪机像缩放仪似地左右平行移动进行开锁，这种方式的优点是可使枪机体缩短。

NSV重机枪无传统的抛壳挺，弹壳被枪机的抽壳钩钩住，从枪膛拉出，枪机后坐时利用机匣上的杠杆使弹壳从枪机前面向右滑，偏离下一发弹的轴线。枪机复进时，推下一发弹入膛，复进到位后，枪机左偏而闭锁，弹壳脱离枪机槽，被送入机匣右侧前方的抛壳管，从该管排到枪外。由于机匣侧面或下面无抛壳孔，因此具有火药燃气泄漏少的优点。该枪作为车载机枪使用时，抛壳管排出的火药燃气易被导向车外。

装备和使用情况

NSV重机枪参加过众多战役，包括1979年阿富汗战争、海湾战争以及2001年阿富汗战争和伊拉克战争等。目前，俄军以Kord重机取代了NSV重机枪。另外，NSV重机枪在波兰、前南斯拉夫、印度、保加利亚等多个国家被许可生产。

■ 三脚架上的NSV重机枪

4.16 比利时FN Minimi轻机枪

影响力指数 ★
作战性能 ★★
技术创新 ★★

FN Minimi轻机枪是比利时FN公司在20世纪70年代研制成功的，主要装备步兵、伞兵和海军陆战队。

枪长	1038毫米	口径	5.56毫米
净重	7.1千克	有效射程	1000米
初速	925米/秒	射速	750发/分
服役时间	1982年至今	枪机种类	气动式、开放式枪机

■ FN Minimi轻机枪全身照

诞生历史

20世纪70年代初期，北约各国的主流通用机枪发射7.62×51毫米NATO枪弹。FN公司设计FN Minimi轻机枪时，原本也打算发射这种枪弹。为了推广本公司新研发的SS109弹药（口径为5.56毫米），使其成为新一代北约制式弹药，所以在加入美国陆军举行的班用自动武器评选（SAW）时，将FN Minimi轻机枪改为发射SS109弹药。

■ 安装了三脚架的FN Minimi轻机枪

设计特点

　　FN Minimi轻机枪采用开膛待击的方式，增强了枪膛的散热性能，有效防止枪弹自燃。导气箍上有一个旋转式气体调节器，并有三个位置可调：一个为正常使用，可以限制射速，以免弹药消耗量过大；一个在为在复杂气象条件下使用，通过加大导气管内的气流量，减少故障率，但射速会增高；还有一个是发射枪榴弹时使用。

　　FN Minimi轻机枪是FN公司当时的新设计，开、闭锁动作由机框定型槽通过枪机导柱带动枪机回转而完成。由于枪机闭锁于枪管节套中，故可减小作用于机匣上的力。机框直接连接在活塞杆上，两者一起运动，机匣内侧的两根机框导轨起确保机框和枪管对正的作用。子弹击发后，在火药气体压力作用下，机框后坐，而枪机则要等到机框上的开锁斜面开始起作用之后方能运动。在此期间，膛压逐渐下降。当机框开锁斜面开始带动枪机开锁时，膛压几乎与大气压相等，故弹壳不会因此紧贴子弹膛壁上。抽壳动作在枪机回转开锁完成之后才开始进行。

■ 士兵使用FN Minimi轻机枪进行射击训练

装备和使用情况

1982年2月，美国陆军及海军陆战队正式装备FN Minimi轻机枪。之后，受美国及北约的影响，世界上多达数十个国家陆续采用了FN Minimi轻机枪作为制式班用机枪。另外，FN公司的SS109弹药因为效能优异，也成了北约甚至其他国家的制式弹药。

■ 士兵在调整FN Minimi轻机枪供弹装置

4.17 捷克斯洛伐克ZB26轻机枪

影响力指数 ★
作战性能 ★★
技术创新 ★★

ZB26轻机枪诞生于1924年，它是世界上最著名的轻机枪之一，曾装备于数十个国家军队。

枪长	1161毫米	口径	7.92毫米
净重	10.5千克	有效射程	550米
初速	830米/秒	射速	500发/分
服役时间	1924年至今	枪机数量	100万左右

■ ZB26轻机枪全身照

诞生历史

1920年，捷克斯洛伐克布拉格军械厂枪械设计师哈力克设计了一种新型轻机枪——PragaⅠ轻机枪。该枪经过捷克斯洛伐克国防部的测试，它的性能与勃朗宁、麦迪森和维克斯等设计的轻机枪不相上下，于是国防部要求在该枪的基础上继续发展。之后，在哈力克的精心打造下，PragaⅡA轻机枪诞生了。

1923年，捷克斯洛伐克国防部征集轻机枪以供捷克陆军使用。哈力克以PragaⅡA参加测试，在测试后PragaⅡA被国防部选中，成为捷克斯洛伐克陆军制式武器。但后来布拉格军械厂濒临破产，已无力生产PragaⅡA轻机枪，哈力克及大部分技术人员选择了离职。1925年11月，布拉格军械厂与捷克斯洛伐克国营兵工厂签署了生产合约，哈力克随后加入了捷克斯洛伐克国营兵工厂，协助完成PragaⅡA轻机枪的生产。1926年，由克布拉格军械厂和捷克斯洛伐克国营兵工厂合力生产的PragaⅡA轻机枪被定名为布尔诺-国营兵工厂26型轻机枪，即Zbrojovka Brnovzor 26，简称ZB26。

■ 仓库中的ZB26轻机枪

■ ZB26轻机枪与弹药箱

设计特点

ZB26其轻机枪结构简单，动作可靠，在激烈的战争中和恶劣的自然环境下也不易损坏。该枪使用和维护都很方便，只要更换枪管就可以持续射击。另外，两人机枪组经过简单的射击训练就可以使用该枪作战，大大提高了实战效能。

该枪枪管外部加工有圆环形的散热槽，枪口装有喇叭状消焰器。该枪没有气体调节器，因此不能进行火药气体能量调节。枪托后部有托肩板和托底套，内有缓冲簧以减少后坐力，两脚架可根据要求伸缩。枪管上靠近枪中部有提把，方便携带和快速更换枪管。此外，该枪弹匣位于机匣的上方，从下方抛壳。由于弹匣在枪身上方，因此瞄准具向左偏移。

装备和使用情况

ZB26轻机枪有许多改型，如ZB27、ZB30和ZB33等。英国著名布伦式轻机枪就是由ZB33改进而来。1939年德国占领捷克斯洛伐克后，生产了少量的ZB26和ZB30轻机枪，并改称为MG26和MG30轻机枪。

■ 沟壑中的ZB26轻机枪

■ ZB26轻机枪

第4章 机枪

4.18 美国M60通用机枪

影响力指数 ★
作战性能 ★★
技术创新 ★★

　　M60通用机枪从20世纪50年代末开始在美军服役，直到现在仍是美军的主要步兵武器之一。

枪长	1105毫米	口径	7.62毫米
净重	10.5千克	有效射程	1100米
初速	853米/秒	射速	550发/分
服役时间	1957年至今	枪机种类	气动式、开放式枪机

■ M60通用机枪全身照

诞生历史

　　二战结束后，美国从战场上缴获了大量的德军枪械，使美国春田兵工厂从这些枪械中汲取了不少的设计经验。在参考FG42伞兵步枪和MG42通用机枪的部分设计之后，再结合桥梁工具与铸模公司的T52计划和通用汽车公司的T161计划，产生了全新的T161E3机枪（T为美军武器试验代号）。1957年，T161E3机枪在改进后正式命名为M60通用机枪，用以取代老旧的M1917及M1919重机枪。

■ M60通用机枪近景特写照

设计特点

M60通用机枪采用了气冷、导气和开放式枪机设计，以及M13弹链供弹。在枪管上附加有两脚架，而且可以更换更加稳定的三脚架。

该枪总体来说性能还算优秀，但也有一些设计上的缺点，例如早期型M60的机匣进弹有问题，需要托平弹链才能正常射击。而且该枪的重量较大，不利于士兵携行，射速也相对较低，在压制敌人火力点的时候有点力不从心。

装备和使用情况

M60通用机枪于20世纪50年代末开始装备美军，并参加了越南战争、海湾战争、阿富汗战争以及伊拉克战争。另外，该枪还出口到澳大利亚、马来西亚、菲律宾、柬埔寨、韩国、英国、以色列等数十个国家。

■ 士兵在为M60通用机枪更换枪管

第4章 机枪

TIPS：

M60通用机枪在电影《第一滴血》中被主角兰博使用，兰博身挂弹链手端M60的经典造型让该枪被影迷称为"兰博之枪"。

■ 电影《第一滴血》兰博手中的M60

■ 伪装的M60通用机枪手

■ 戒备中的M60通用机枪

4.19 德国MG45通用机枪

影响力指数 ★
作战性能 ★★
技术创新 ★★

MG45通用机枪是德国在二战末期研制的7.92毫米口径通用机枪，由于当时德国败局已定，所以MG45通用机枪的产量极少，但其设计对战后的多款枪械都有启迪作用。

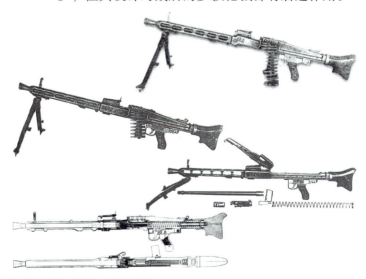

■ MG45通用机枪结构示意图

枪长	1220毫米	口径	7.92毫米
净重	9千克	有效射程	1500米
初速	755米/秒	射速	1500发/分
服役时间	未服役	生产数量	10挺

诞生历史

1944年，二战已经到了末期，德国败象逐渐出现，国内物力资源日渐贫乏。在这样的背景之下，大名鼎鼎的MG42通用机枪又出现了一款衍生型——MG42V。实际上，尽管MG42V是在MG42的基础上研制而成，但机枪操作方式已经有了大幅的改变，基本上可以算作全新的机枪，因此又被命名为MG45通用机枪。

1944年6月，MG45通用机枪开始进行试射，一共发射了12万发子弹并且能成功维持每分钟1350发的射速。尽管该枪的性能比较优秀，但最终因为德国物力不足而只生产了10挺就宣告结束。

■ 案板上的MG45通用机枪

设计特点

MG45通用机枪将MG42通用机枪的滚轴式枪机改为延迟反冲枪机，因此理论上所需要的工时与成本又进一步减少，并且净重下降到9千克左右。MG42通用机枪的枪管为浮动式，而MG45通用机枪的枪管是固定的，这是它们之间最大的区别。此外，MG45通用机枪不需要在发射前完全关闭膛室，由此增加了射速并简化了设计和结构。在外观上，由于不需要安装枪口增压器，因此较MG42来说，MG45的枪管较短。

装备和使用情况

尽管MG45通用机枪的产量很少，但它并没有因此湮没在历史的长河中。二战结束后，德国黑克勒·科赫公司著名的HK G3自动步枪、HK33突击步枪与HK MP5冲锋枪都借鉴了MG45通用机枪的枪机运作原理。

4.20 俄罗斯Kord重机枪

影响力指数 ★
作战性能 ★★
技术创新 ★★

Kord重机枪的设计目的是对付轻型装甲目标，该枪能摧毁地面2000米范围内的敌方人员，以及高达1500米倾斜范围内的空中目标。

枪长	1625毫米	口径	12.7毫米
净重	27千克	有效射程	1500~2000米
初速	820~860米/秒	射速	650~750发/分
服役时间	1998年至今	枪机种类	长行程活塞传动型气动式

■ Kord重机枪全身照

■ 展览会上的Kord重机枪

第4章 机枪

诞生历史

20世纪80年代，苏联军队装备的重机枪为NSV重机枪。苏联解体后，为了能更好地武装自己的军队，俄罗斯决意打造一款属于自己的重机枪。随后，俄罗斯政府给狄格特亚耶夫工厂下达了命令，要求他们研制出能够发射12.7毫米口径步枪子弹，并且可以作为安装在车辆上或具有防空能力的重机枪。狄格特亚耶夫工厂最终推出了Kord重机枪。

设计特点

Kord重机枪的性能、构造和外观上都类似于苏联的NSV重机枪，但内部机构已经被大量重新设计。这些新的设计让该枪的后坐力比NSV重机枪小了很多，也让其在持续射击时有更大的射击精准度。

与绝大多数其他重机枪都不同的是，Kord重机枪新增了构造简单、可以让步兵队更容易使用的6T19轻量两脚架，这样使Kord重机枪可以利用两脚架协助射击。这一点对于12.7毫米口径重机枪而言是一个独特的功能。

■ Kord重机枪性能比NSV重机枪好

装备和使用情况

目前，Kord重机枪已经建立了其生产线，它正式通过了俄罗斯军队测试并且被俄罗斯军队所采用。除了步兵版本，它被安装在俄罗斯T-90主战坦克的防空炮塔上作为防空机枪使用。

由于美国制式12.7×99毫米口径枪弹在很容易购买到，所以生产厂家为这种枪弹专门设计了一款改进型Kord重机枪。这种改进型的Kord重机枪其性能与标准Kord重机枪没有差异，只是枪管和供弹机构有所改变。

■ Kord重机枪可做防空机枪

4.21 美国M249轻机枪

影响力指数 ★
作战性能 ★★
技术创新 ★★

M249轻机枪是美国以比利时FN公司的FN Minimi轻机枪为基础改进而成的。

枪长	1041毫米	口径	5.56毫米
净重	7.5千克	有效射程	1000米
初速	915米/秒	射速	750~1000发/分
服役时间	1984年至今	枪机种类	气动式、开放式枪机

第4章 机 枪

■ M249轻机枪

TIPS：
M249轻机枪曾在电影《黑鹰坠落》中出镜，并有精彩表现。

诞生历史

20世纪60年代，随着班用武器的小口径化，美军的班用机枪也在向这个方向发展。虽然美军装备有M16轻机枪和M60通用机枪，但前者的持续射击性不好，后者的重量又过大，于是美军公开招标新型小口径机枪，当时有不少的老牌枪械公司来投标，其中包括比利时FN公司。经过各公司的角逐后，FN公司胜出。于是美军决定采用FN公司的机枪，并命名为XM249轻机枪。随后，美军又对XM249轻机枪做了一些测试，结果都符合他们的要求，于是就将XM249正式作为制式武器，并更名为M249轻机枪。

■ 早期型的M249，装有固定金属枪托，没有枪管套

■ 一名美国陆军士兵手持的M249

设计特点

M249轻机枪使用装有200发弹链供弹，在必要时也可以使用弹匣供弹。该枪在护木下配有可折叠式两脚架，并可以调整长度，也可以换用三脚架。此外，相对FN Minimi轻机枪来说，M249轻机枪的改进包括加装枪管护板，采用新的液压气动后坐缓冲器等。

TIPS：

士兵对M249轻机枪的使用意见不一，有人认为M249轻机枪有耐用和火力强大的优点，但是还需要改进，也有人认为该枪在抵腰和抵肩射击时较难控制。

■ M249轻机枪（左）和是M79榴弹发射器（右）

装备和使用情况

M249轻机枪在美军从1984年开始服役至今，另外包括克罗地亚、匈牙利以及阿富汗等多个国家也使用过M249轻机枪。该枪参与的战争包括海湾战争、科索沃战争、伊拉克战争和美国入侵巴拿马等。

■ M249轻机枪实弹射击训练

4.22 德国HK21通用机枪

影响力指数 ★
作战性能 ★★
技术创新 ★★

　　HK21通用机枪是黑克勒·科赫公司于1961年以HKG3战斗步枪为基础研制的，目前它仍在亚洲、非洲和拉丁美洲多个国家的军队中服役。

枪长	1021毫米	口径	7.62毫米
净重	7.92千克	有效射程	1200米
初速	800米/秒	射速	800~900发/分
服役时间	1961年至今	枪机种类	滚轮延迟反冲式

■ HK21通用机枪全身照

■ HK21通用机枪草地照

全球枪械图鉴大全

TIPS：

目前HK公司已不再生产HK21通用机枪，因为该枪已被HK21A1通用机枪取代，但葡萄牙和墨西哥目前仍在生产。

设计特点

HK21通用机枪采用击发调变式滚轮延迟反冲式闭锁。枪机上有两个圆柱滚子作为传输元件，以限制驱动重型枪机框的可动闭锁楔铁。该枪的机械瞄具由带护圈的柱形准星和觇孔式照门组成。照门的风偏和高低可调，表尺分划100～1200米，分划间隔100米。另外，该枪也可配用高射瞄准镜、望远式瞄准镜或夜视仪。

该枪除配用两脚架作轻机枪使用外，还可装在三脚架上作重机枪使用。两脚架可安装在供弹机前方或枪管护筒前端两个位置，不过安装在供弹机前方时，虽可增大射界，但精度有所下降；安装在枪管护筒前端时，虽射界减小，但可提高射击精度。

■ HK21通用机枪弹药特写

■ 士兵持HK21通用机枪俯卧射击

■ 士兵持HK21通用机枪站立射击

第4章 机枪

■ 三脚架上的HK21通用机枪

4.23 日本大正十一式轻机枪

影响力指数 ★
作战性能 ★★
技术创新 ★★

大正十一式轻机枪是日本在二战中使用较多的一种机枪，该枪枪托为便于贴腮瞄准而向右弯曲，故在中国俗称"歪把子"机枪。

枪长	1100毫米	口径	6.5毫米
净重	10.2千克	有效射程	1000米
初速	730米/秒	射速	500发/分
服役时间	1922~1950年	枪机种类	气动式

■ 大正十一式轻机枪全身照

诞生历史

一战结束以后，世界各国特别是一些军事大国，出现了新一轮军备竞赛和军事思想变革的风潮。日本为了增强一线步兵的火力，也效仿欧美国家军队的做法，开始为步兵班设计一款只需要1~2人操作的轻机枪。

机枪作为自动武器，要实现能通用步枪这种非自动武器的5发弹夹，就必须满足两个条件：第一，必须具有一个能够承载和储放步枪5发弹夹的平台；第二，必须能够满足机枪自动射击的要求，并能把步枪弹夹式供弹具上的枪弹连续不断地送入进弹位置。围绕军方的要求，日本兵工厂打造出了十一式轻机枪。

十一式轻机枪采用了类似传统步枪枪托的"枪颈"，同时由于其瞄准基线偏于枪面右侧，为了避免使用者在瞄准时过于向右歪脖子，所以将本来就十分细长的枪颈向右弯曲，以使枪托的位置能满足抵肩据枪瞄准，这就是"歪把子"的由来。

■ 日本士兵在使用大正十一式轻机枪

设计特点

十一式轻机枪是世界上"个性鲜明"的轻机枪,供弹方式是该机枪的最大的特色。此外,该枪在结构设计上还有着两个非常突出的特点:第一,最大限度地遵从并且创造性地实现军方对武器性能的要求;第二,最大限度地吸收并且创造性地运用当时世界上先进的枪械原理。

■ 大正十一式轻机枪

装备和使用情况

虽然十一式轻机枪在使用中暴露出了很多的问题,并且在1936年被九六式轻机枪替代,但是由于日本持续扩军的原因,十一式轻机枪并没有就此退役,而是转用于各个扩编师团。

■ 展览馆中的大正十一式轻机枪

4.24 苏联/俄罗斯RPK轻机枪

影响力指数 ★
作战性能 ★★
技术创新 ★★

RPK轻机枪是以AKM突击步枪为基础发展而成的，它具有重量轻、机动性强和火力持续性较好的特点。与AKM突击步枪相比，RPK轻机枪的枪管有所增长，而且增大了枪口初速。

枪长	1040毫米	口径	7.62毫米
净重	4.8千克	有效射程	1000米
初速	745米/秒	射速	600发/分
服役时间	1959年至今	枪机种类	气动式、转栓式枪机

■ RPK轻机枪全身照

■ RPK轻机枪（左）和AKM突击步枪（右）对比

第4章 机 枪

该机枪沿用了AKM突击步枪著名的冲铆机匣,枪机内部的冲压件比例大幅度提高,并把铆接改为焊接,如枪管节套和尾座点焊在1毫米厚的U形机匣上,机框枪机导轨点焊在机匣内壁上。

■ 士兵使用RPK轻机枪进行射击训练

RPK轻机枪的弹匣由合金制成,并能够与原来的钢制弹匣通用,后期还研制了一种玻璃纤维塑料压模成型的弹匣。该枪的护木、枪托和握把均采用树脂合成材料,以降低枪支重量并增强结构。RPK轻机枪还配备了折叠的两脚架以提高射击精度,由于射程较远,其瞄准具还增加了风偏调整。

■ RPK轻机枪(从上往下第2个)和各种突击步枪

第5章 手枪

手枪是单人使用的自卫武器,能以其火力杀伤近距离内的有生目标。由于短小轻便,携带安全,能突然开火,手枪一直被世界各国军队和警察,主要是指挥员、特种兵以及执法人员等大量使用。

5.1 美国柯尔特M1911半自动手枪

- 影响力指数 ★★★★★
- 枪械性能 ★★★★✦
- 技术创新 ★★★★✦
- 生产总量 ★★★★✦
- 使用国家 ★★★★✦
- 服役时长 ★★★✦

枪长	210毫米	口径	11.43毫米
枪重	127毫米	有效射程	50米
弹容量	7发	枪口初速度	247米/秒
服役时间	1911年至今	生产数量	200万把

　　M1911是美国柯尔特公司于20世纪初研制的半自动手枪,1911年开始在美军服役,之后经历了两次世界大战和多次局部战争。

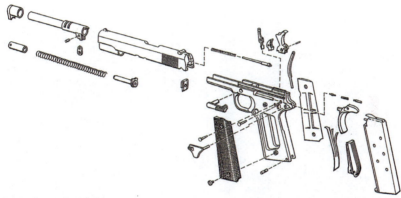

■ M1911手枪结构图

■ M1911手枪

诞生历史

M1911的研制计划可以追溯到19世纪末，美军在菲律宾和当地人发生的武装冲突，当时美军装备的是柯尔特9毫米口径左轮手枪，但该枪性能不够理想，所以美军便决定研制一种新型手枪来装备其军队。

1907年，美国正式招标11.43毫米口径手枪作为新一代的军用制式手枪，在对该手枪项目竞标中，柯尔特公司和萨维奇公司的手枪被美国军方选中，随后两家公司的产品便进入试验和改进。在1910年末的6000发子弹射击试验中，柯尔特的样枪射完子弹没有出现任何问题，而萨维奇公司的样枪则出现37次故障，最后自然是柯尔特公司胜出。

1911年3月29日，柯尔特公司的手枪正式成为美国陆军的制式手枪，定型为M1911。1913年，由于M1911手枪的性能十分出色，也被美国海军和美国海军陆战队选为制式手枪。

■ M1911手枪及其弹药

■ 镀铬后的M1911手枪

设计特点

M1911手枪的操作原理为：弹头被推出枪管时，枪管和套筒也因后坐力而后退，枪管尾端以铰链为轴朝下方摆动。同时，套筒内的闭锁凹槽和枪管尾端的凸筋分离，弹壳退出枪膛并弹出，然后套筒在复进簧的作用下复位，将子弹推入枪膛，手枪所有结构复位。

M1911手枪使用起来非常安全，不容易出现走火等事故。它采用了双重保险设计，其中包括手动保险和握把式保险。手动保险在枪身左侧，处于保险状态时击锤和阻铁都会被锁紧，套筒不能复进。握把式保险则需要用掌心保持按压力度才能保持战斗状态，松开保险后手枪就无法射击。

M1911手枪性能优秀，其11.43毫米的大口径能够确保在有效射程内快速让敌人失去战斗能力，而且该手枪的故障率很低，不会在一些关键时刻"掉链子"，这两点对战斗手枪来说非常关键。此外，该手枪结构简单，零件数量较少，而且比较容易拆解，方便维护和保养。当然，M1911手枪也有一些缺点，比如弹夹容量为7发，包括枪膛内的1发子弹，一共8发；而且体积和重量稍大，后坐力也偏大。

■ 拆解后的M1911手枪

■ M1911手枪扳机、握把和击槌部位特写

245

装备和使用情况

一战爆发前,柯尔特公司大量生产M1911手枪,以满足美军的需求,春田兵工厂也参与该枪的生产。随后,该枪在一战中投入使用,战争中的经验令军方提出对M1911手枪进行一些外部改进的要求。改进工作于1924年完成,1926年定案,新版本定名为M1911A1,由于没有进行内部修改,因此内部零件仍可与M1911互换。

与一战相比,美军二战时对M1911A1的需求量更大,当时美国政府共购买了约190万把以装备所有美军部队,并增加了承包商来提高生产力,其中包括雷明顿、柯尔特、春田兵工厂及岩岛兵工厂等。二战结束后,美国政府停止订购新的M1911A1,只是不断地翻新原有的手枪。

二战前,挪威康斯贝格集团也获得授权生产M1911手枪。在德军占领挪威后,该公司在德军控制下继续生产,现在这批挪威的M1911手枪成为收藏家的高价收藏品。

■ M1911手枪(上)和M1911A1手枪(下)

5.2 美国M9半自动手枪

- 影响力指数 ★★★★☆
- 枪械性能 ★★★★☆
- 技术创新 ★★★☆☆
- 生产总量 ★★★★☆
- 使用国家 ★★★★☆
- 服役时长 ★★★★☆

枪长	217毫米	口径	9毫米
枪重	970克	有效射程	50米
弹容量	10发、15发、17发、18发、20发	枪口初速度	375米/秒
服役时间	1985年至今	生产数量	200万把

M9手枪是由伯莱塔92FS手枪发展而来的,在几次改进后,最终于1985年被美军采用,并作为制式武器。

诞生历史

1978年,美国空军提出需要采用一种新的9毫米口径半自动手枪,用以取代老旧的柯尔特M1911A1半自动手枪,多家著名枪械公司参加了选型试验。1980年,美国空军官方宣布伯莱塔92S-1手枪比其他型号稍好。此时,美国其他军种也正好需要寻找新的辅助武器。因此,更严格的一轮试验又开始了,伯莱塔公司送交的型号为92SB-F,之后更名为92F。1985年1月,美国陆军宣布伯莱塔92F胜出,被选为制式手枪并正式命名为M9。1988年,M9发生了套筒断裂的事故,随后,伯莱塔公司按照美国陆军的要求进行了改进设计,按这种标准生产的92F被改称为92FS。至此,伯莱塔92FS(M9)真正取代经典的柯尔特M1911手枪成为美军新的制式手枪。

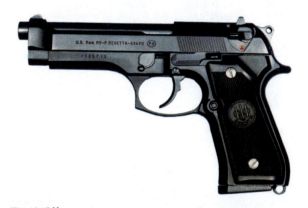
■ M9手枪

■ 柯尔特M1911手枪(左)和伯莱塔M9手枪(右)

设计特点

M9手枪的套筒座,包括握把都是由铝合金制成的,不过为了减轻枪的重量,握把外层的护板是木质的。在保险装置上,不再是过去的按钮式,而是变成了摇摆杆。增大了扳机护圈,即便是戴上手套扳动扳机也非常顺手。

■ 拆解后的M9手枪

另外,M9手枪维修性好、故障率低,据试验:该枪在风沙、尘土、泥浆及水中等恶劣战斗条件下适应性强,其枪管的使用寿命高达10000发;1.2米高处落在坚硬的地面上不会发生意外走火,一旦在战斗损坏时,较大故障的平均修理时间不超过半小时,小故障不超过10分钟。

2003年,美国军方推出了M9的改进型,名为M9A1,主要加入了皮卡汀尼导轨以对应战术灯、雷射指示器及其他附件。此外,还配发物理气相沉积(PVD)胶面弹匣来提高可靠性,以便在阿富汗和伊拉克等的沙漠地区顺利运作。

■ M9手枪与手表、U盘、钱包等物的大小对比

装备和使用情况

经过在阿富汗和伊拉克两个战场的洗礼，M9手枪获得了"世界第一手枪"的称号，能荣得此美誉，就足以证明M9手枪的可靠性。但是"世界第一手枪"也被士兵反映存在一些问题。首先是弹夹的容量虽然很大，可是托弹弹簧的张力不足，如果是装满子弹的话，最后几发子弹有不到位的现象。这种子弹不到位的故障造成的后果是，当射手将弹匣安装到握把内，拉套筒推子弹上膛时，因子弹位置低而推不上膛。该故障在实战中换弹匣时出现非常可怕。

另外，因为该枪是大开口套筒，这样独特的设计有减少退壳故障、易于枪管散热和遇到卡弹故障时可用手迅速排除等优点。不过也因为这样的设计，导致该枪的套筒上部敞开，枪管上部完全暴露，枪管上的喷涂保护层易磨掉，枪管非常容易生锈。尤其是在阿富汗、伊拉克这样干旱、风沙严重地区，沙粒对保护层的磨损严重。

■ 美国海军陆战队士兵使用M9手枪进行射击练习

■ 美国海军士兵试射M9手枪

5.3 奥地利格洛克17半自动手枪

影响力指数	★★★★
枪械性能	★★★★
技术创新	★★★★☆
生产总量	★★★★★
使用国家	★★★★☆
服役时长	★★★☆

枪长	202毫米	口径	9毫米
枪重	625克	有效射程	50米
弹容量	10发、17发、19发、31发、33发	枪口初速度	370米/秒
服役时间	1982年至今	生产数量	500万把

格洛克17是奥地利格洛克公司研制的第一种手枪,于1983年成为奥地利军队的制式手枪,并被世界上数十个国家的军队和执法机构所采用。

■ 格洛克17手枪

设计特点

格洛克17手枪是应奥地利陆军的要求而研制,用以取代瓦尔特P38手枪。该枪采用枪管短行程后坐式原理,使用9×19毫米格鲁弹,弹匣有多种型号,弹容量从10发到33发不等。该枪大量采用了复合材料制造,空枪重量仅为625克,人机功效非常出色。

格洛克17手枪经历过4次不同程度的修改，第四代格洛克17手枪的套筒上有Gen4字样。2010年新推出的格洛克17手枪采用的各种措施大大增强了人机功效，并采用双复进簧设计，以降低后坐力和提高枪支寿命。该枪的安全性极高，有三个可靠的安全装置。

■ 第四代格洛克17手枪

■ 格洛克17手枪加装的战术配件

■ 格洛克17手枪及其弹匣

装备和使用情况

格洛克17手枪因极佳的人机功效和可靠的性能结构，受到世界上许多国家的追捧。目前，除了奥地利之外，美国、德国、俄罗斯、波兰等许多国家均在使用。

TIPS：

在电影《终结者》中，凯特·布鲁斯特（Kate Brewster）使用了一把格洛克19手枪，该枪是格洛克17的袖珍型。

■ 格洛克17手枪深受各国军人喜爱

5.4 以色列IMI"沙漠之鹰"半自动手枪

影响力指数	★★★★
枪械性能	★★★★
技术创新	★★★☆
生产总量	★★★★
使用国家	★★★★☆
服役时长	★★★☆

枪长	270毫米	口径	12.7毫米
枪重	2000克	有效射程	200米
弹容量	7发	枪口初速度	402米/秒
生产时间	1982年至今	枪机种类	气动式

"沙漠之鹰"是以色列军事工业公司生产的一种大口径手枪，该枪的体积和重量很大，威力极强，拥有极高的知名度，是世界著名的大口径、大威力手枪。

■ "沙漠之鹰"手枪

第5章 手枪

诞生历史

　　美国马格南研究所刚成立时,就计划设计一种能够发射9毫米口径马格南子弹的手枪,并将该计划命名为"马格南之鹰",这种手枪的主要用途是打猎和射靶。经过一段时间的研发之后,该公司成功推出"沙漠之鹰"的原型枪,并于1983年获得了该枪的设计专利。

　　后来,马格南研究所与以色列军事工业公司合作对该枪进行改进,经过改进之后于1985年取得了"沙漠之鹰"的设计专利。但是,该枪因美国枪支管理措施的限制,将制造流程改为以色列军事工业公司制造零件,由马格南研究所进行组装和加工。

TIPS：

"沙漠之鹰"手枪曾在许多电影和电视剧中亮相,当剧本中提到大威力手枪时,几乎都会选择"沙漠之鹰"手枪作为道具。

■ 霸气十足的金色"沙漠之鹰"

■ "沙漠之鹰"手枪及其可发射的多种弹药

设计特点

"沙漠之鹰"手枪采用常在步枪上使用的气动机构,这是因为它发射的是大威力子弹,而一般的气动机构在面对这种子弹时强度有所不足。该枪的握把很大,通常采用硬塑胶整体制造,用弹簧销固定。为了降低后坐力,采用了两根平行的复进弹簧。它在射击时会产生很大的噪音,而且后坐力极大,故障率也较高。过高的杀伤力也是军方和警方对该枪的兴趣大大降低的原因之一,因为这样无论是对射手还是射手旁边的人都存在很高的安全隐患。

■ 换装了连手指凹槽的握把的"沙漠之鹰"
■ "沙漠之鹰"及其发射的.50 AE弹药

第5章 手枪

装备和使用情况

除了美国和以色列之外，波兰陆军机动反应作战部队和葡萄牙特别行动小组等单位都采用了"沙漠之鹰"手枪。

TIPS：

在《反恐精英》（CS）和《穿越火线》（CF）等游戏中，"沙漠之鹰"是一把威力巨大的手枪，虽然仅有7发的弹容量，但是依然被大多数玩家作为优先装备的副武器。

■ "沙漠之鹰"枪口特写

■ 测试人员在对"沙漠之鹰"进行射击测试

5.5 德国鲁格P08半自动手枪

- 影响力指数 ★★★★☆
- 枪械性能 ★★★★☆
- 技术创新 ★★★
- 生产总量 ★★★★★
- 使用国家 ★★★☆
- 服役时长 ★★★★

枪长	222毫米	口径	9毫米
枪重	871克	有效射程	50米
弹容量	8/32发	枪口初速度	350～400米/秒
服役时间	1908～1945年（德国）	枪机种类	肘节式起落闭锁

鲁格P08手枪是两次世界大战里德军最具有代表性的手枪之一，鲁格P08停产以后，只有警察中还有人使用。由于该枪的知名度颇高，至今仍是世界著名手枪之一。

■ 鲁格P08手枪内部结构图

诞生历史

1893年，美籍德国人雨果·博尔夏特发明了世界上第一种自动手枪——7.65毫米C93式博尔夏特手枪，但该枪外形笨拙不实用。后来，和他同一个工厂的乔治·鲁格对这种手枪的结构进行了改进设计，并于1899年定型。1900年，该枪被瑞士选为制式手枪，此后，鲁格公司继续进行对该枪的改良，1904年，改良后使用9×19毫米口径子弹的鲁格手枪被德国海军采用，1908年又被陆军作为制式自卫武器，并命名为P08。

■ 鲁格P08手枪

TIPS：

乔治·鲁格除了设计出这把实用的手枪外，还设计了两种子弹，其中9×19毫米堪称有史以来最成功、使用最广泛的手枪子弹之一。

■ 鲁格P08手枪概念图

设计特点

鲁格P08最大的特色是其肘节式闭锁机，它参考了马克沁重机枪及温彻斯特贡杆式步枪的工作原理。该枪采用枪管短后坐式工作原理，是一种性能可靠、质地优良的武器。它有多种变型枪，其中，P08炮兵型是该系列手枪中的佼佼者，极其珍贵。它由德国DWM公司于1914～1918年生产，仅2万支。其准星为三角形斜坡准星，可调风偏。炮兵型的鲁格P08射击精度较高，能够命中200米处的人像靶。

TIPS：

采用肘节式闭锁机的半自动手枪屈指可数，除了鲁格P08以外，只有鲁格手枪的原型——博尔夏特手枪，20世纪70年代毛瑟公司再次生产的鲁格手枪以及德国埃尔玛公司的一种半自动手枪。

■ 鲁格P08手枪及其弹匣

■ 空仓挂机状态的鲁格P08手枪

■ 鲁格P08的握把舒适性较强

■ 鲁格P08手枪的皮制枪套

装备和使用情况

1900年，鲁格P08被瑞士军队作为制式手枪，成为世界上第一把制式军用半自动手枪，1908年，鲁格P08又被德国陆军选为制式手枪。虽然鲁格P08生产工艺要求高、零部件较多、成本也较高，但是该枪直到1942年底才正式结束其批量生产。该枪一共生产了约205万支，经过二战的消耗，剩余极少。

■ 收藏家收藏的鲁格P08手枪

5.6 德国瓦尔特PP/PPK半自动手枪

- 影响力指数 ★★★★☆
- 枪械性能 ★★★★☆
- 技术创新 ★★★★☆
- 生产总量 ★★★
- 使用国家 ★★★★
- 服役时长 ★★★☆

枪长	170毫米	口径	7.65毫米
枪重	660克	有效射程	50米
弹容量	8发	枪口初速度	320米/秒
服役时间	1935年至今	枪机种类	后坐作用

瓦尔特PP是由德国卡尔·瓦尔特运动枪有限公司制造的半自动手枪，瓦尔特PPK是瓦尔特PP的派生型，尺寸略小。虽然两者都已经诞生了80多个年头，但仍是小型手枪的经典之作。

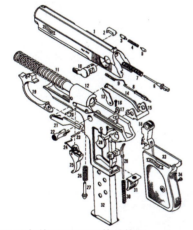
■ 瓦尔特PP/PPK手枪结构图

■ 瓦尔特PP手枪

诞生历史

一战结束后，各参战国签订了《凡尔赛条约》。德国作为战败国，受到了很多限制，其中一条就是枪械的口径不得超过8毫米，枪管长不得超过100毫米。鉴于此，瓦尔特公司于1929年开发了一种具有划时代意义的半自动手枪——瓦尔特PP。这种手枪使用了原本只用在转轮手枪上的双动发射机构，实现了历史性跨越。

1930年，为了满足高级军官、特工、刑事侦探人员的需求，瓦尔特公司又在PP枪的基础上推出了PPK手枪。与PP相比，PPK的性能毫不逊色，"体形"却比前者更小巧，方便隐蔽携带，在使用安全性上的设计也更为周到，例如在握把底面后端增加了背带环等。

■ 精雕细琢的瓦尔特PP手枪极具美感

■ 瓦尔特PPK/E手枪及其弹匣

设计特点

瓦尔特PP/PPK构成了一个适合于特殊工作需要的自卫手枪族，它们的结构极为简单，两枪的零件总数分别是42件和39件，而其中可以通用的零件为29件。

瓦尔特PP/PPK采用外露式击锤，配有机械瞄准具。套筒左右都有保险机柄，套筒座两侧加有塑料制握把护板。弹匣下部有一塑料延伸体，能让射手握得更牢固。此外，两者都使用7.65毫米柯尔特自动手枪弹。

■ 瓦尔特PP手枪与劳力士手表的大小对比

第5章 手枪

装备和使用情况

瓦尔特PP系列手枪的设计非常成功,其常青树般的生命力就已经充分地说明了这一点,它对二战后的手枪设计产生了极大的影响。很多世界精品手枪的设计,包括苏联的马卡洛夫PM、匈牙利的FEGPA-63和捷克斯洛伐克的CA50等,都受到了PP系列手枪的影响。1945年以后,土耳其、匈牙利均生产了一些PP手枪,法国马尼安公司也进行了特许生产。直到今天,瓦尔特公司仍然在继续生产这两款手枪。

TIPS:

007系列电影的第1~18部,主角詹姆斯·邦德使用的都是瓦尔特P系列手枪。

■ 瓦尔特P系列手枪是007系列电影中的常客

5.7 比利时FN 57半自动手枪

影响力指数	★★★☆
枪械性能	★★★★
技术创新	★★★★☆
生产总量	★★★
使用国家	★★★
服役时长	★★

枪长	208毫米	口径	5.7毫米
枪重	618克	有效射程	50米
弹容量	20发	枪口初速度	650米/秒
服役时间	2000年至今	枪机种类	后吹式延迟闭锁枪机

261

FN 57手枪是比利时FN公司为了推广SS190弹而研制的半自动手枪，主要用于特种部队和执法部门。

■ 装有消音器的FN 57手枪

设计特点

FN 57手枪是一种半自动手枪，枪机延迟式后坐，非刚性闭锁，回转式击锤击发。该枪首次在手枪套筒上成功采用钢-塑料复合结构，支架用钢板冲压成形，击针室用机械加工，用固定销固定在支架上，外面覆上高强度工程塑料，然后表面再经过磷化处理。

由于SS190弹弹壳直径小，重量轻，因此20发实弹匣的重量也只相当于10发9毫米手枪弹匣的重量。另外，由于枪管较短，导致FN 57手枪发射SS190弹的初速比FN P90冲锋枪发射时要低，但仍高达650米/秒，有极好的穿透力，在有效射程内能击穿标准的防弹衣。

■ FN 57手枪及其弹匣

■ FN 57手枪（下）和美国斯普林菲尔德兵工厂生产的XD手枪（上）

装备和使用情况

FN公司针对美国市场把FN57手枪分成两种型号——IOM型和USG型，IOM型是针对执法机构或军事人员使用，USG型则是供美国的执法部门或平民使用。两种型号在外观上几乎没有区别，主要识别特征是IOM型握把侧板上为粒状花纹，USG型为格子状花纹；IOM型扳机护圈维护原来的双弧形状，USG型扳机护圈底部为平直设计；IOM型弹匣扣很小，而USG型较大。

■ 使用FN 57手枪的美国警察（前方持盾者）

5.8 捷克斯洛伐克CZ52半自动手枪

影响力指数	★★★☆
枪械性能	★★★★☆
技术创新	★★★
生产总量	★★
使用国家	★★★☆
服役时长	★★★

枪长	209毫米	口径	9毫米
枪重	680克	有效射程	50米
弹容量	10/13发	枪口初速度	500米/秒
服役时间	1952~1982年	生产数量	20万把以上

CZ52手枪是捷克斯洛伐克CZ公司研制的半自动手枪，发射7.62×25毫米M48枪弹。

■ CZ52手枪

诞生历史

捷克斯洛伐克曾经是世界武器市场上的轻武器出口大国之一，而该国最有名的枪械企业莫过于历史悠久的CZ公司，其全名为"Ceska Zbrojovka"，通常翻译为塞斯卡-直波尔约夫卡兵工厂。ZB26轻机枪就是该公司最著名的作品，除此之外，该公司还有不少经典的枪械，其中就包括CZ52手枪。

■ 空仓挂机状态时的CZ52手枪

CZ52手枪是根据捷克斯洛伐克军方提出的新一代手枪要求而设计的。在设计时，CZ52原本打算采用9毫米鲁格弹的，但由于战争和其他方面的原因，改为7.62×25毫米M48枪弹。该枪属于二战之后发展起来的第二代军用手枪，在结构上传承了前代手枪的成熟经验，设计上也不乏独创之处，因此具有坚固耐用、可靠性好、火力强等优点，是一件可圈可点的优秀军用武器。

■ CZ52手枪及其弹匣

设计特点

CZ52手枪采用后坐反冲式设计，8发单排可卸式弹匣，单动模式的半自动手枪。此枪在设计时受到德国MG42通用机枪的滚轴闭锁系统影响，这种机构很少被用在手枪上，而CZ52手枪却第一次把滚轴闭锁系统用在手枪上。

第5章 手枪

装备和使用情况

　　自1952年起，CZ52就被捷克斯洛伐克军队作为制式手枪，1982年该枪被CZ82手枪取代。1987年后，大部分已退役的CZ52被作为剩余物资售出。CZ52采用威力过大的7.62毫米M48枪弹（这种弹药原本是供给冲锋枪用的），有着较大的后坐力，此外，该枪的精准度和寿命都不比发射9毫米鲁格弹的手枪要优秀，所以CZ52的用户并不多。

■ CZ52手枪及其弹匣和枪套

■ CZ52手枪左侧视角

■ CZ52手枪右侧视角

5.9 美国MEU（SOC）半自动手枪

- 影响力指数 ★★★
- 枪械性能 ★★★★
- 技术创新 ★★★
- 生产总量 ★★
- 使用国家 ★★
- 服役时长 ★★★

枪长	209.5毫米	口径	11.43毫米
枪重	1110克	有效射程	70米
弹容量	7发	枪口初速度	253米/秒
服役时间	1986年至今	枪机种类	闭锁式枪机、枪管短行程后坐作用

■ MEU（SOC）手枪

MEU（SOC）手枪官方命名为M-45 MEUSOC，是一种气冷式、弹匣供弹、枪管短行程后坐作用操作、单动操作的半自动手枪。它已经成为美国海军陆战队远征队侦察部队的备用枪械，并且从1986年使用到今。

诞生历史

M9手枪无论从外部结构还是作战性能，都能在手枪界排上名次，但是对于美国海军陆战队的成员来说，比起M9手枪他们更喜欢M1911手枪。20世纪80年代末期，美国海军陆战队上校罗伯特·杨对M1911手枪提出了一系列的改善，以适合21世纪的战场。1986年，美国精密武器分部和陆战队步枪分队装备商接受M1911改善工作，这些改进后的M1911手枪没有正式名字，一律称为MEU（SOC）手枪或MEU手枪。

■ 美国海军士兵腰间悬挂的MEU（SOC）手枪

第5章 手枪

设计特点

　　MEU（SOC）手枪的组件都是由手工装配的，因此不能互换。武器的序列号的最后四个数字分别印在枪管的顶部和套筒部件的右侧。早期的套筒在前端没有防滑纹，为了便于射手轻推套筒来确认膛内是否有弹，新的套筒在前面增加了防滑纹。

　　该枪安装了一个纤维材料的后坐缓冲器，缓冲器可以降低后坐感，在速射时尤其有利。但缓冲器本身似乎不太耐用，而且其上是小碎片容易积累在手枪里面导致故障，但大多数陆战队员认为这没多大问题，因为在陆战队里面所有的武器都能得到定时和充分的维护，但是这个装置还是一直受到争议。

■ MEU（SOC）手枪左侧视角

■ 美国海军陆战队士兵试射MEU（SOC）手枪

装备和使用情况

　　美国海军陆战队的队员在1983年入侵格林纳达、1989年入侵巴拿马、1992年的索马里战争2001年的阿富汗战争、2003年的伊拉克战争时使用的手枪都是MEU（SOC）手枪。

■ 海军陆战队使用MEU（SOC）手枪进行射击训练

5.10 比利时FN M1935大威力手枪

- 影响力指数 ★★★★
- 枪械性能 ★★★★
- 技术创新 ★★★
- 生产总量 ★★★
- 使用国家 ★★★★
- 服役时长 ★★★

枪长	197毫米	口径	9毫米
枪重	1060克	有效射程	50米
弹容量	13发	枪口初速度	350米/秒
服役时间	1935年至今	生产数量	100万把

■ M1935大威力手枪

M1935大威力手枪是由美国枪械发明家约翰·勃朗宁设计，经过FN公司的改进并生产的单动操作式的半自动手枪，能够发射当时欧洲威力最强大的9×19毫米手枪子弹。

诞生历史

20世纪初，法国陆军要求FN公司设计一款手枪。为了确保FN公司在兵器行业上的地位，约翰·勃朗宁打算设计一种能够发9×19毫米枪弹的大威力自动手枪。随后他在美国一个工作室里开始了新枪的设计，短短几十天的时间，便设计出了两种型号的手枪，其中后设计出来的那一种就是M1935的原型。该枪首次采用了弹容量高达15发的双排弹匣，FN公司对这支枪表现出了浓厚的兴趣。几经修改后，于1929年定型，并命名为M1935。次年，比利时军队成为其第一个正式用户。

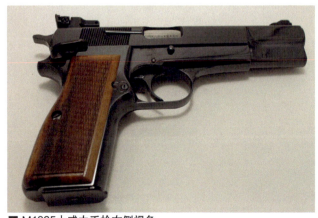
■ M1935大威力手枪右侧视角

设计特点

M1935大威力手枪使用的是单动操作式设计,并且装上了手动保险机构。与现代的双动操作半自动手枪不同的是,大威力手枪的扳机与击锤并没有联动关系,因此不能实现扣扳机待击。

装备和使用情况

二战爆发后,M1935大威力手枪被盟军和轴心国交战双方部队作为辅助武器所采用。二战结束后,FN公司继续生产M1935大威力手枪,它被90多个国家所采用并且作为军用制式手枪,使该大威力手枪在战后更为流行。

■ 民用版M1935大威力手枪

■ M1935大威力手枪左侧视角

5.11　瑞士SIG Sauer SP2022半自动手枪

影响力指数	★★★★↘
枪械性能	★★★★
技术创新	★★★★
生产总量	★★
使用国家	★★
服役时长	★↘

枪长	187毫米	口径	9毫米
枪重	765克	有效射程	50米
弹容量	15发	枪口初速度	390米/秒
服役时间	1999年至今	枪机种类	短行程后坐

SP2022手枪是瑞士SIG公司SP系列手枪的最新型，该枪不仅价格低，而且还有结构紧凑、使用安全、操作简便等优点，因而深受军警部门青睐。

■ SP2022手枪

诞生历史

　　SP2022手枪是1991年以SP2340/SP2009手枪改进而来的。弹容量多达15发且配用9毫米口径弹药，正是SP2022的魅力所在。手枪只要选择重弹头枪弹，在护身方面就会有一些困难，而该枪把这个方面做得非常完美，成为最令人信服的手枪。SP系列手枪的标准型是小型手枪，因此SP2022的携带性能非常出色。

　　1985年以后，配用聚合物套筒座的奥地利格洛克手枪几乎占领许多国家的军警手枪市场，从而促使许多公司研发聚合物套筒座手枪。1999年，SIG公司轻武器分部推出了聚合物套筒座手枪SP2340/SP2009。2002年，为了参加法国政府执法机构（警察与国家宪兵队）手枪选型试验，SIG公司推出了SP2022手枪，同SIG公司一起竞争的还有伯莱塔、HK、FN、格洛克、鲁格、瓦尔特、史密斯·韦森等多个大小型兵工企业。经过众多企业的"明争暗斗"之后，最终选定的试验手枪为SIG公司的SP2022手枪和HK公司的HK P2000手枪。SP2022手枪，其性能和价格都比HK公司的两款手枪略胜一筹，因而赢得了此次的竞争。

■ 格洛克G17手枪（左）和SP2022手枪（右）

■ SP2022手枪及其弹药

■ SP2022手枪及其弹匣

设计特点

　　SP2022手枪继承了P220系列手枪的工作原理及基本结构，并在设计上有所创新和改进，从而使该枪具有结构紧凑、牢固、安全性良好和操作简便等特点。

　　该枪配用15发容弹量的直弹匣，射手可以根据弹匣侧面13个数字观察剩余弹数，其排列与格洛克手枪弹匣类似。弹匣底座有长底座与短底座两种，后者与P229手枪的弹匣相似，适宜隐蔽携枪时配用。

装备和使用情况

2005年1月，SIG公司发表了"美国陆军坦克、机动车辆与军械司令部决定采用SP2022手枪作制式"的消息。虽然订货数量只有5000支，但对SIG公司来说，最重要的不是现在的订货数量，而是获得了美国政府订购，这样就可以借机扬名，继续推出SP2022的市售型同格洛克手枪对抗。另外，SIG公司与法国政府与签订了多达27万支SP2022手枪的供应合同。

■ SP2022手枪可换装多种不同的握把　　■ SP2022手枪右侧视角

■ SP2022手枪握持舒适

5.12 苏联TT半自动手枪

- 影响力指数 ★★★★☆
- 枪械性能 ★★★★
- 技术创新 ★★★★
- 生产总量 ★★
- 使用国家 ★★
- 服役时长 ★☆

枪长	196毫米	口径	7.62毫米
枪重	840克	有效射程	50米
弹容量	8发	枪口初速度	420米/秒
服役时间	1930~1950年	生产数量	170万把

TT手枪是由苏联著名枪械设计师托卡列夫于1930年设计，茨拉兵工厂生产的一种半自动手枪。该手枪于1930年被苏联采用，成为苏联的军用制式手枪，目前已被淘汰。

■ TT手枪

诞生历史

1920年，苏联使用的手枪绝大部分是从德国购入的毛瑟C96手枪，这种手枪因采用火力强大的7.63×25毫米枪弹而深受苏联红军青睐。1930年，苏联革命议会要求设计本土的新型手枪。1931年1月7日，托卡列夫设计了一款新型手枪，也就是TT-30手枪。此枪一出，便赢得了众多士兵的喜爱，于是该枪被选中成为了能替代国外手枪的新型手枪。

■ TT手枪及其弹匣

■ TT手枪及其枪套

设计特点

TT-30手枪使用7.62×25毫米口径手枪子弹,在外观和内部机械结构方面,与FN M1903有异曲同工之妙,不过不同的是TT-30手枪发射子弹时枪机后坐距离较短。

TT-30在开始投产后简化了一些设计,如枪管、扳机释放钮、扳机及底把等,以便更易于生产,这种改进型名为TT-33。为了降低生产成本,苏联在1946年再一次对TT-33进行了简化设计。

■ TT-33手枪

装备和使用情况

1954年苏联停止了TT-33生产后,便把设备卖给多个友好国家,并允许他们进行仿制,有些国家至今仍在生产及采用仿制品。20世纪80年代,TT-33仍在多个国家的军警中服役或用作储备(包括俄罗斯及乌克兰)。

目前因其低廉的成本,使不法分子容易从黑市中购买(在黑市中TT-33占了不少数目,当中不少是从苏联的军火库中盗取的),另外也可能与苏联在冷战期间大量对外输出武器有关,TT-33已成为一款广被犯罪组织及恐怖组织使用的枪支。

■ 二战期间苏军士兵手上的TT手枪

5.13 德国HK45半自动手枪

影响力指数	★★★★
枪械性能	★★★
技术创新	★★★
生产总量	★★
使用国家	★
服役时长	✩

枪长	191.01毫米	口径	11.43毫米
枪重	785克	有效射程	40～80米
弹容量	10发	枪口初速度	260米/秒
研发日期	2006年至今	枪机种类	短行程后坐作用、勃朗宁式摆动型枪管

HK45是黑克勒·科赫公司第一种在位于新罕布什尔州纽因顿镇的新工厂所生产的手枪,有多种衍生型。

■ HK45手枪

诞生历史

HK45是由德国军火制造商HK公司于2006年设计、2007年生产的半自动手枪,其设计目的是要满足美军"联合战斗手枪"计划之中的各项规定。该计划打算为美国特种部队更换一种可以发射11.43毫米口径ACP普通弹、比赛级弹和高压弹的半自动手枪,并且取代M9手枪。不过,"联合战斗手枪"计划在2006年被中止,目前M9手枪仍然是美军的制式手枪。但HK公司继续改进HK45,并把它投入商业、执法机关和军事团体的市场。

■ 空仓挂机状态的HK45手枪

■ HK45手枪及其弹匣

设计特点

HK45基本上是HK USP45和HK P2000的经验合并,并借用了一些HK P30的改进要素,所以HK45具有以上手枪的许多内部和外部特征。它最明显的外表变化是略向前倾斜的套筒前端,在扳机护圈前方有皮卡汀尼导轨,握把前方带有手指凹槽。与P2000一样,HK45也有可更换的握把背板,以适应使用者手掌大小。为了更符合人体工学,HK45使用容量为10发的专用可拆式双排弹匣。

■ HK45手枪及其收纳箱

■ 加装了战术附件的HK45手枪

装备和使用情况

HK45的衍生型主要包括紧凑型HK45C、战术型HK45T和紧凑战术型HK45CT。2010年9月，HK45C被美国海军特种作战司令部所采用。

■ HK45系列手枪

■ 美国海军陆战队士兵使用HK45手枪

5.14 德国毛瑟C96自动手枪

- 影响力指数 ★★★★
- 枪械性能 ★★★★★
- 技术创新 ★★★★
- 生产总量 ★★★★
- 使用国家 ★★★★
- 服役时长 ★★★

枪长	288毫米	口径	7.63毫米
枪重	650克	有效射程	100米
弹容量	6/10/20/40发	枪口初速度	425米/秒
服役时间	1899~1961年	生产数量	100万把

毛瑟C96手枪是德国毛瑟公司在1896年推出的一种全自动手枪,是德军在两次世界大战期间使用的手枪之一。

■ 毛瑟C96自动手枪　　　　　　　　　■ 毛瑟C96自动手枪结构图

诞生历史

C96是毛瑟兵工厂的科研设计人员菲德勒三兄弟利用工作空闲时间设计而来。1895年12月11日,毛瑟兵工厂的老板为该枪申请了专利,次年正式生产,到1939年停产,前后一共生产了约100万把毛瑟C96,其他国家也仿制了数百万把。

在大量生产的40年历史中,C96少有改进,这并不是说毛瑟兵工厂不重视,而是因为原始设计已经很完美。C96是"丑得可爱"的标准典型,而"丑"的背后是让人惊叹的神奇——整支枪没有使用一个螺丝或插销,却做到了所有零件严丝合缝,其构造让现代手枪也为之汗颜。

■ 毛瑟C96自动手枪及其弹药

■ 毛瑟C96自动手枪左侧视角

设计特点

C96在击发时，后坐力使得枪管兼滑套及枪机向后运动，此时枪膛仍然是在闭锁状态。由于闭锁笋前方是钩在主弹簧上，因此有一小段自由行程。由于闭锁机组上方的凹槽，迫使得闭锁笋向后运动时，只能顺时针向下倾斜，因此脱出了枪机凹槽。此时枪管兼滑套因为闭锁笋仍套在其下，后退停止。枪机则因为闭锁笋脱出，得以自由行动，完成抛壳等动作，最后因力量用尽，复进簧将枪机推回、上弹，恢复到待击状态。

C96非常有趣的一个特色是它的枪套。由于枪套是木制盒子，将其倒装在握柄后，立即转变为一枝冲锋枪，成为肩射武器，这是当时非常流行的做法。

■ 毛瑟C96自动手枪全貌

■ 变身为冲锋枪的C96手枪

装备和使用情况

毛瑟兵工厂一直希望让德国军队能装备C96手枪,一战期间德国陆军订购了15万支9毫米口径俗称"Red 9"的C96,在战争结束前毛瑟兵工厂交付了13.7万支给德国陆军,这是德国陆军正式装备C96的唯一记录。而匈牙利、丹麦、巴西等一些国家也使用过C96。

■ 二战期间德国士兵腰间携带的C96手枪

5.15 美国柯尔特"蟒蛇"左轮手枪

影响力指数 ★★★★
枪械性能 ★★★
技术创新 ★★★
生产总量 ★★
使用国家 ★
服役时长 ★★

枪长	203.2~342.9毫米	口径	9毫米
枪重	935.5~1360.78克	有效射程	50米
弹容量	6发	枪口初速度	400米/秒
生产日期	1955~1999年	枪机种类	双动操作扳机

"蟒蛇"左轮手枪曾被称为"战斗马格南",是柯尔特在公司诞生150周年时推出的。该枪具有精确的战斗型机械瞄具和顺畅的扳机。

第5章 手枪

■ 采用152.4毫米枪管的"蟒蛇"左轮手枪

诞生历史

在设计"蟒蛇"左轮手枪的时候,最初的想法是准备把该枪设计为一种加强型底把的9.65毫米口径特种单/双动击发的比赛级左轮手枪,结果由于偶然的决定,最后造就了一支以精度和威力著称的9毫米口径经典转轮手枪。1955年柯尔特公司正式生产并推出了这款9毫米口径左轮手枪,也就是"蟒蛇"左轮手枪。

■ "蟒蛇"左轮手枪三种长度不同的枪管

设计特点

最初的"蟒蛇"左轮手枪有皇家蓝色和镀光亮镍两种颜色,之后又推出了不锈钢和皇家蓝色。"蟒蛇"左轮手枪的扳机在完全扳上时,弹巢会闭锁以便于撞击子弹底火,在弹巢和击锤之间相差的距离较短,使扣下扳机和发射之间的距离缩短,以提高射击精度和速度。

第5章 手枪

装备和使用情况

"蟒蛇"左轮手枪主要为民间使用，美国执法机关曾装备过一定数量的"蟒蛇"左轮手枪。许多收藏家对它情有独钟，其中包括一些国家的著名人物。

■ 案板上的"蟒蛇"左轮手枪

■ "蟒蛇"左轮手枪弹巢、握把和枪管特写

■ "蟒蛇"左轮手枪弹巢、握把和枪管特写

■ "蟒蛇"左轮手枪左侧视角

283

5.16 瑞士SIG Sauer P220半自动手枪

- 影响力指数 ★★★★
- 枪械性能 ★★★★
- 技术创新 ★★★★
- 生产总量 ★★★
- 使用国家 ★★★★
- 服役时长 ★★

枪长	198 毫米	口径	可变换
枪重	750 克	有效射程	50米
弹容量	9发	枪口初速度	345米/秒
服役时间	1975年至今	枪机种类	后坐闭锁

P220是由瑞士SIG公司设计、德国Sauer公司生产的SIG Sauer系列手枪中最早的型号，其性能完善、安全可靠，且价格也较便宜。

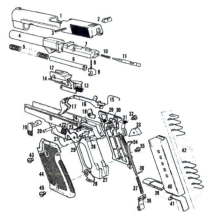

■ P220手枪结构图

■ P220手枪

诞生历史

20世纪60、70年代，瑞士军队装备的P210手枪价格比较昂贵且产量又较低。于是军方就要求SIG公司设计一款价格便宜、能量产的新型手枪。但是由于SIG公司的规模非常小，不能够独自完成这个项目，于是便与德国Sauer公司合作共同设计和生产这种新手枪。因为是SIG和Sauer这两家公司共同完成的，所以最后这款新手枪被命名为SIG Sauer P220。

设计特点

P220有许多创新的特点，其中之一就是简化了勃朗宁发明的延迟后坐闭锁方式，只用套筒的抛壳口直接与弹膛外部的闭锁块配合来进行闭锁，而不需要专门在枪管上增加闭锁凸耳，在套筒内铣出闭锁沟槽来配合。

P220的底把材料为铝合金,表面做哑黑色阳极化抛光处理,铝底把在当时来说是较为少见的设计,可减轻手枪的重量。套筒是由一块2毫米厚的钢板冲压成一个上盖的形状,再通过电焊把整个枪口部接上,经回火后钻孔,再用机器做深加工。击锤、扳机和弹匣扣均为铸件,而分解旋柄、待击解脱柄和空仓挂机柄均为冲压钢件,枪管用优质钢材冷锻生产。握把侧片的材质是塑料,复进簧则是缠绕钢丝制成。枪机体用一根钢销固定在套筒尾部。

■ P220手枪及其弹药

■ 使用原装握把的P220手枪

装备和使用情况

P220可以发射不同口径的子弹,前提是必须根据子弹型号相应地更换套筒和枪管。后来SIG-SAUER以P220手枪为基础开发出P225、P226、P229等一系列不同类型的手枪,凭着其射击性能优良、操作安全可靠的优点,使整个SIG-SAUER P220系列在军用、警用和民用市场都很受欢迎。

TIPS:

瑞士、丹麦、日本皆曾采用P220作为军队制式手枪,日本还获得授权生产P220,命名为美蓓亚P9。其他一些国家的军警用户也曾装备过P220,但大多已被其他大容量弹匣手枪取代。

- P220手枪及其弹匣
- P220手枪加装战术附件

5.17 德国瓦尔特P38自动手枪

影响力指数 ★★★★☆
枪械性能 ★★★★☆
技术创新 ★★★
生产总量 ★★★☆
使用国家 ★★★★☆
服役时长 ★★

枪长	218毫米	口径	9毫米
枪重	800克	有效射程	50米
弹容量	8发	枪口初速度	365米/秒
服役时间	1938~1950年	生产数量	100万把

瓦尔特P38是二战中德军使用最为广泛的手枪之一，它具有外形美观、性能稳定、工艺先进等特点。

■ 瓦尔特P38手枪

诞生历史

P38是二战中使用最广泛的手枪之一。二战后，随着德国的战败，P38的辉煌时代也宣告结束。1945年，瓦尔特公司所在的采拉-梅利斯州的图林根被美国和法国占领，后来划归苏联管辖，由于害怕成为战犯，瓦尔特公司的首脑们携带了大量的设计和加工图纸，秘密从图林根撤离，南下进入美军占领的乌尔姆地区。1950年，瓦尔特公司重新注册，开始了二次创业。1953年，瓦尔特公司新建了一个机械工厂。但是由于盟军的限制，很长一段时间内没能再生产武器。

■ 瓦尔特P38手枪及其弹匣

设计特点

P38的自动方式为枪管短后坐式,击发后,火药气体将闭锁在一起的枪管和套筒后推,经过自由行程后,弹膛下方凸耳内的顶杆抵在套筒座上,并向前撞击闭锁卡铁后端斜面迫使卡铁向下旋转,使上凸笋离开套筒上的闭锁槽,实现开锁。该手枪还有一个安全可靠的双动系统,这样,即使膛内有弹也不会发生意外。

■ 瓦尔特P38手枪左侧视角

■ 俯视瓦尔特P38手枪

装备和使用情况

除德国外，瑞典、法国和苏联在二战后也曾使用过瓦尔特P38式手枪。

■ 瓦尔特P38手枪长度与成人手掌对比

5.18 德国HK USP半自动手枪

影响力指数	★★★✯
枪械性能	★★★★✯
技术创新	★★★✯
生产总量	★★★✯
使用国家	★★★★
服役时长	★★✯

枪长	194毫米	口径	9毫米
枪重	748克	有效射程	50米
弹容量	15发	枪口初速度	285米/秒
生产日期	1993年至今	枪机种类	后坐作用、双动/纯双动扳机

USP是HK公司研发的一种半自动手枪。该枪性能优秀，被世界多个国家的军队和警察作为制式武器。

TIPS：

USP的英文全称为Universal Self-loading Pistol，其含义为"通用自动装填手枪"。

■ USP手枪

设计特点

　　USP手枪由枪管、套筒座、套筒、弹匣和复进簧组件5个部分组成，共有53个零件。其滑套是以整块高碳钢加工而成，表面经过高温和氮气处理，具有很强的防锈和耐磨性。该枪的枪身由聚合塑胶制成，为避免滑套与枪身重量分布不均，在枪身内衬了钢架降低重心，以增强射击稳定性。

　　USP手枪的撞针保险和击锤保险为模块式，且扳机组带有多种功能，能依射手的习惯进行选择。9毫米型号的载弹量为15发，10毫米和11.43毫米型为13发和12发，相较其他手枪有载弹量大的特点。而且该枪的结构合理，动作可靠，经过双重复进簧装置抵消后坐力，其快速射击时的精度也大大提高。而且该枪还可加装多种战术组件，大大增强了在特殊环境下的作战性能。

■ USP手枪与美军战术刀对比

第5章 手枪

■ 开火时的USP手枪

■ USP手枪加装战术附件

装备和使用情况

USP手枪性能优良、动作可靠，得到世界多个国家军队和警察的青睐，其中包括德国、韩国、希腊、爱尔兰、立陶宛和塞浦路斯等。马来西亚皇家警察也使用过该枪，并取代了勃朗宁大威力手枪以及HK P9S手枪。另外从2006年开始，爱沙尼亚防卫队开始使用USP取代了过去的马可洛夫手枪。

■ 游戏《古墓丽影》主角劳拉使用的USP手枪

TIPS：

USP手枪是《反恐精英》（CS）游戏中警察的初始武器，该枪的威力较大，子弹数量适中，是"沙漠之鹰"之外最受玩家欢迎的手枪之一。在游戏《古墓丽影》中，主角劳拉也使用了USP手枪。

■ 游戏《反恐精英》中的USP手枪

5.19 苏联/俄罗斯马卡洛夫PM手枪

影响力指数	★★★★
枪械性能	★★★
技术创新	★★★★
生产总量	★★
使用国家	★★★★
服役时长	★★

枪长	161.5毫米	口径	9毫米
枪重	730克	有效射程	50米
弹容量	8发	枪口初速度	315米/秒
服役时间	1951年至今	生产数量	2万把

马卡洛夫PM手枪由尼古拉·马卡洛夫设计，20世纪50年代初成为苏联军队的制式手枪，1991年开始逐渐退出现役，但目前仍在俄罗斯和其他许多国家的军队及执法部门中大量使用。

■ 马卡洛夫PM手枪

诞生历史

1950年，苏联军事专家马卡洛夫发现手枪在战场上的使用率极低，这是因为手枪通常提供给军官自卫之用，当时装备的托卡列夫手枪的体积过大使用不便，而且这款手枪的设计已经显得过时。于是，马卡洛夫便以德国的瓦尔特PPK手枪为基础，研制出了马卡洛夫PM手枪。

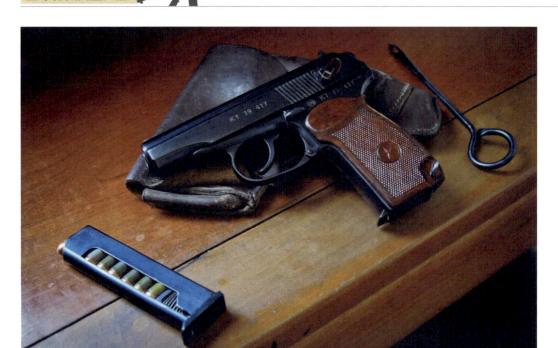

■ 马卡洛夫PM手枪及其主要配件

设计特点

马卡洛夫PM手枪的结构与瓦尔特PPK手枪基本相同，其分别主要在6个地方。第一，马卡洛夫PM手枪为左旋复进簧。第二，马卡洛夫PM手枪的击锤头与PPK不同。第三，马卡洛夫PM手枪没有子弹上膛显示器。第四，马卡洛夫PM手枪的弹匣卡笋设在握把底部。第五，马卡洛夫PM手枪将击锤发弹簧改为弹片。第六，马卡洛夫PM手枪有滑套卡笋，在最后一发子弹射出后弹匣托扳会顶住卡笋，使滑套停留在后方。

■ 空仓挂机状态的马卡洛夫PM手枪

■ 马卡洛夫PM手枪上方视角

第5章 手枪

■ 握把分离的马卡洛夫PM手枪

■ 马卡洛夫PM手枪及其弹匣

TIPS：

虽然马卡洛夫手枪的优点是结构简单、携带方便、性能可靠和成本低廉，但其发射的9×18毫米马卡洛夫枪弹却缺乏足够的杀伤力，就连防弹背心不能打穿。

装备和使用情况

马卡洛夫PM手枪的用户极多，包括俄罗斯、叙利亚、土库曼斯坦等数十个国家和地区。21世纪初，俄罗斯打算以MP-443手枪取代警察使用的马卡洛夫PM手枪，但由于财政问题和马卡洛夫PM手枪在俄罗斯的数量非常庞大，换枪计划最终作罢。

■ 马卡洛夫PM手枪开火时的枪口焰

第6章 冲锋枪

冲锋枪通常是指双手持握、发射手枪弹的单兵连发枪械,它是介于手枪和机枪之间的武器,比步枪短小轻便,便于突然开火。冲锋枪射速高,火力猛,适用于近战或冲锋。

6.1 德国MP5冲锋枪

影响力指数	★★★★★
枪械性能	★★★★☆
技术创新	★★★☆
生产总量	★★★★
使用国家	★★★★★
服役时长	★★★★☆

服役时间	1966年至今	重量	2.54千克
口径	9毫米	弹容量	15/30/100发
全长	680毫米	枪口初速	375米/秒
枪管长	225毫米	射速	800发/分

MP5冲锋枪是德国黑克勒·科赫公司研制的冲锋枪,也是黑克勒·科赫公司最著名及制造量最多的枪械产品。由于该系列冲锋枪获多国军队、警队选为制式枪械使用,因此具有极高的知名度。

■ MP5冲锋枪

诞生历史

1964年,为方便士兵在狭窄地形作战,黑克勒·科赫公司计划设计一种新型冲锋枪,并将该计划称为"HK54冲锋枪项目"("5"意为HK第五代冲锋枪,"4"意为使用9×19毫米子弹)。该项目生产出来的第一款冲锋枪被德国军方率先采用,并命名为MP5。1977年10月17日,德国特种部队在摩加迪沙反劫机行动中使用了MP5,4名恐怖分子均被MP5击中(3人当即死亡,1人重伤),人质获救,MP5在近距离内的命中精度得到证明。此后,德国各州警察相继装备MP5,而国外的警察、军队特别是特种部队都注意到MP5的高命中精度。时至今日,MP5几乎成了反恐特种部队的标志性武器。

■ 美国海军陆战队试射MP5冲锋枪

主体结构

MP5冲锋枪采用了与HK G3自动步枪一样的半自由枪机和滚柱闭锁方式,当武器处于待击状态在机体复进到位前,闭锁楔铁的闭锁斜面将两个滚柱向外挤开,使之卡入枪管节套的闭锁槽内,枪机便闭锁住弹膛。射击后,在火药气体作用下,弹壳推动机头后退。一旦滚柱完全脱离卡槽,枪机的两部分就一起后坐,直到撞击抛壳挺时才将弹壳从枪右侧的抛壳窗抛出。

■ 装有消音器的MP5冲锋枪

作战性能

与MP5同时期研制的冲锋枪普遍采用自由后坐式,以便大量生产,但由于枪机质量较差,射击时枪口跳动较大,准确性不佳,而MP5采用HK G3系列结构复杂的闭锁枪机,且采用传统滚柱闭锁机构来延迟开锁,射击时枪口跳动较小。因此,MP5的性能尤为优越,特别是半自动、全自动射击精度相当高,而且射速快、后坐力小、重新装弹迅速,完全弥补了威力稍低的缺点。

■ MP5冲锋枪右侧视角

6.2 以色列乌兹冲锋枪

- 影响力指数 ★★★★★
- 枪械性能 ★★★★
- 技术创新 ★★★★☆
- 生产总量 ★★★★
- 使用国家 ★★★
- 服役时长 ★★★★★

服役时间	1951年至今	重量	3.5千克
口径	9毫米	弹容量	50发
全长	650毫米	最大射速	600发/分
枪管长	260毫米	有效射程	120米

乌兹冲锋枪是由以色列国防军军官乌兹·盖尔于1948年开始研制的轻型冲锋枪，其结构简单，易于生产，被世界上许多国家的军队、警队和执法机构采用。

■ 乌兹冲锋枪

主体结构

乌兹冲锋枪采用自由式枪机（惯性闭锁），枪机结构为包络式，这种结构的优点是结构紧凑。在枪机闭锁、击发瞬间的时候，枪机的前部有很长一段套在枪管尾部。这样既可以缩短全枪长度，又可以在万一发生早发火或迟发火等故障的情况下避免损坏枪的工作机构或伤害射手。而且由于该枪采用前冲击发，可以抵消一部分火药气体压力冲量，因此在同等效果下，其枪机重量能比采用闭膛待击的自由式枪机的重量减轻一半。

作战性能

乌兹冲锋枪最突出的特点是和手枪类似的握把内藏弹匣设计,能使射手在与敌人近战交火时能迅速更换弹匣(即使是黑暗环境),保持持续火力。不过,这个设计也影响了枪的高度,导致卧姿射击时所需的空间更大。此外,在沙漠或风沙较大的地区作战时,射手必须经常分解清理乌兹冲锋枪,以避免射击时出现卡弹等情况。

■ 乌兹冲锋枪左侧视角

6.3 苏联/俄罗斯PPSh-41冲锋枪

影响力指数	★★★★★
枪械性能	★★★★
技术创新	★★★★
生产总量	★★★★★
使用国家	★★★★★
服役时长	★★★

服役时间	1941年至今	重量	3.63千克
口径	7.62毫米	弹容量	35/71发
全长	843毫米	射速	1000发/分
枪管长	269毫米	有效射程	250米

PPSh-41冲锋枪(又称"波波莎"冲锋枪)是二战期间苏联生产数量最多的武器,在斯大林格勒战役中,它起到了非常重要的作用,成为苏军步兵标志性装备之一。

■ PPSh-41冲锋枪

诞生历史

二战爆发后，德国猛烈的攻击迫使苏联将兵工厂转移到交通不便、条件艰苦的偏远地区。新建的兵工厂面临机械设备陈旧，人员劳动力不足等诸多问题。苏军之前装备的PPD-40冲锋枪，其组成结构复杂，制造工艺烦琐，而且成本较高。此时，苏联无法大量生产PPD-40冲锋枪。在此背景下，格奥尔基·谢苗诺维奇·什帕金以PPD-40冲锋枪为基础，将其结构简化再简化，最终在1940年设计出了一种新型冲锋枪，命名为PPSh-41冲锋枪。

生产一把PPD-40需要13.7个工时，而一把PPSh-41仅需7.3个工时，因此可以大量生产，并装备于苏军。苏军常常整排装备PPSh-41，使他们在近距离上取得无法比拟的火力优势。

■ 二战后继续装备PPSh-41冲锋枪的波兰陆军

主体结构

PPSh-41冲锋枪采用自由式枪机原理，开膛待击，带有可进行连发、单发转化的快慢机，发射7.62×25毫米托卡列夫手枪弹（苏联手枪和冲锋枪使用的标准弹药）。PPSh-41冲锋枪具有一个铰链式机匣，以便不完全分解和清洁武器。枪管和膛室内侧均进行了镀铬防锈处理，这个在当时绝无仅有的设计赋予了PPSh-41惊人的耐用性与可靠性。由于较短的自动机行程，加上较好的精度，三发短点射基本能命中同一点。

■ 拆解后的PPSh-41冲锋枪

作战性能

PPSh-41能够以1000发/分钟的射速射击，射速与当时其他大多数军用冲锋枪相比而言是非常高的。PPSh-41的设计以适合大规模生产与结实耐用为首要目标，对成本则未提出过高要求，因此PPSh-41上出现了木制枪托枪身。沉重的木质枪托和枪身使PPSh-41的重心后移，从而保证枪身的平衡性，而且可以像步枪一样用于格斗，同时还特别适合在高寒环境下握持。该枪缺点包括弹药难以重新装填，坠地时容易意外击发，以及较为沉重等。

6.4 芬兰索米M1931冲锋枪

影响力指数	★★★★★
枪械性能	★★★★★
技术创新	★★★★
生产总量	★★★
使用国家	★★★
服役时长	★★★★★

服役时间	1931～1998年	重量	4.6千克
口径	9毫米	弹容量	50/71发
全长	870毫米	射速	900发/分
枪管长	314毫米	有效射程	200米

索米M1931冲锋枪是芬兰在二战期间设计的冲锋枪，"索米"（Suomi）在芬兰语中意为"芬兰"，因此有时索米M1931冲锋枪也被称为芬兰冲锋枪。该枪被许多人认为是二战期间最成功的冲锋枪之一，其众多设计被后来的冲锋枪所效仿。

■ 索米M1931冲锋枪

诞生历史

20世纪20年代末期，枪械设计师埃莫·拉赫蒂在芬兰创办了一家武器公司，在这里他苦苦钻研枪械的设计，最终在1931年设计出了索米M1931冲锋枪。

1939年，苏芬战争爆发了，大量的索米M1931冲锋枪被芬兰军队采用。在战争期间，索米M1931冲锋枪有过一些改进，例如加入枪口制退器（当时命名KP/-31 SJR），这一举动在埃莫·拉赫蒂看来会降低该枪原有的可靠性，所以对此并不看好。即便是这样，当时芬军中所装备的索米M1931冲锋枪有一半型号是KP/-31 SJR。最初，索米M1931冲锋枪被用来替代轻机枪使用，不过事实证明它无法胜任这一角色。

■ 使用索米M1931冲锋枪的芬兰士兵

主体结构

索米M1931冲锋枪采用传统的自由枪机、开膛待击，比较特殊的地方当属枪栓。传统冲锋枪的枪栓跟随枪机来回运动，而索米M1931冲锋枪的枪栓拉上以后就固定不动，使得枪膛封闭，就避免了杂物进入枪膛造成故障。

作战性能

索米M1931冲锋枪由于枪管较长，做工精良，所以其射程和射击精准度比大批量生产的苏联PPSh-41冲锋枪高出很多，而射速和装弹量则与PPSh-41冲锋枪一样。它最大的弊端在于过高的生产成本，所采用的材料是瑞典的优质铬镍钢，并以狙击步枪的标准生产，费工费时。苏芬战争期间，索米M1931冲锋枪有过一些改进，例如加入枪口制退器。

■ 索米M1931冲锋枪左侧视角

6.5 德国MP40冲锋枪

影响力指数	★★★★★
枪械性能	★★★★
技术创新	★★★★
生产总量	★★★
使用国家	★★
服役时长	★

服役时间	1938~1945年	重量	3.97千克
口径	9毫米	弹容量	32发
全长	833毫米	最大射速	500发/分
枪管长	251毫米	有效射程	100米

MP40冲锋枪是在MP18冲锋枪的基础上改进而来的,也是二战期间德国军队使用最广泛、性能最优良的冲锋枪。

■ MP40冲锋枪

主体结构

MP40冲锋枪发射9毫米口径鲁格弹,以直型弹匣供弹,采用开放式枪机原理、圆管状机匣,移除枪身上传统的木制组件,握把及护木均为塑料。该枪的折叠式枪托使用钢管制成,可以向前折叠到机匣下方,以便于携带。在装甲车的射孔向外射击时,可利用枪管底部的钩状座固定在车体上。

■ 拆解后的MP40冲锋枪

作战性能

MP40冲锋枪在德军作战部队中非常受欢迎,在近距离作战中可提供密集的火力,不但装备了装甲部队和伞兵部队,在步兵单位的装备比率也不断增加,也是优先配发给一线作战部队的武器。

■ 装有背带的MP40冲锋枪

6.6 美国汤普森冲锋枪

影响力指数	★★★★★
枪械性能	★★★★
技术创新	★★★☆
生产总量	★★★★
使用国家	★★★★
服役时长	★★★★★

服役时间	1921~1971年	重量	4.9千克
口径	11.43毫米	弹容量	20发、30发、50发、100发
全长	852毫米	射速	1200发/分
枪管长	270毫米	有效射程	250米

汤普森冲锋枪(Thompson submachine gun)是美军在二战中最著名的冲锋枪,由约翰·汤普森在20世纪初期设计,并由美国自动军械公司生产。除了在战争中使用外,汤普森冲锋枪也是当时美国警察与罪犯经常使用的武器。

■ 汤普森冲锋枪

诞生历史

1916年,汤普森和汤姆斯·莱恩合伙创办了一家自动军械公司,汤普森冲锋枪是该公司成立后研发的最著名的武器之一。该枪面世时性能并不完善,随后汤普森对其进行了一系列的改良。当时正值一战,汤普森冲锋枪尚未自欧洲战场大范围装备,战争就已结束。虽然也销往于民间,但昂贵的价格使得购买者为数不多。珍珠港事件后,美国正式加入了二战。1944年,诺曼底登陆将汤普森冲锋枪带进了欧洲战场,自此,汤普森冲锋枪和PPSh-41冲锋枪在二战欧洲战场上并肩作战。

■ 二战期间使用汤普森冲锋枪的美国海军陆战队士兵

主体结构

汤普森冲锋枪使用开放式枪机,即枪机和相关工作部件都被卡在后方。当扣动扳机后枪机被放开前进,将子弹由弹匣推上膛并且将子弹发射出去,再将枪机后推,弹出空弹壳,循环操作准备射击下一颗子弹。

■ 汤普森M1A1冲锋枪及其拆解状态

作战性能

汤普森冲锋枪的早期版本已经达到1200发/分钟的射速,而M1921警用型有850发/分钟,M1928军事型则有720发/分钟。其衍生型M1及M1A1的平均射速为600发/分钟。这使汤普森冲锋枪有一个相当沉重的扳机和极快下降的弹药量,也使枪管于自动射击时很容易上扬。相较于现代的9毫米冲锋枪,汤普森冲锋枪可算是相当沉重,这也是它的主要缺点之一。

■ 汤普森M1928军事型冲锋枪

6.7 德国MP7冲锋枪

影响力指数 ★★★★
枪械性能 ★★★★
技术创新 ★★★
生产总量 ★★★
使用国家 ★★★★
服役时长 ★★

服役时间	2000年至今	重量	1.6千克
口径	4.6毫米	弹容量	40发
全长	590毫米	射速	1000发/分
枪管长	180毫米	有效射程	200米

MP7冲锋枪是德国黑克勒·科赫公司于20世纪90年代研制的个人防卫武器,发射4.6×30毫米口径弹药。

■ MP7冲锋枪

诞生历史

20世纪80年代后期,黑克勒·科赫公司以4.73毫米口径的无壳弹为基础设想出了近程自卫武器(NBW)概念,并于1990年4月制造出了样枪。后来随着无壳弹项目的结束,发射无壳弹的NBW方案也终止了,但是近程自卫武器的设想并没有终止。按照北约提出的单兵自卫武器的大体要求,黑克勒·科赫公司继续推进NBW的研制,并称其为单兵自卫武器(PDW),同时采用了普通的铜壳弹代替无壳弹。2000年,PDW开始列装德军,并被正式命名为MP7冲锋枪。

主体结构

MP7冲锋枪大量采用塑料作为枪身主要材料,由三颗销钉固定,射手只需用枪弹作为工具就可以完成MP7的大部分分解。MP7可选择单发或全自动发射,弹匣释放钮设计与HK USP手枪相似。MP7可选配20发容量短弹匣或40发容量长弹匣,也有30发容量弹匣。MP7与手枪外形相似,射手除了可将枪托拉出抵肩射击之外,经过训练的射手还能够像手枪一样射击。MP7枪身短小,除了自卫外,也适用于室内近距离作战及要员保护。

■ MP7冲锋枪左侧视角

6.8 苏联/俄罗斯PPS-43冲锋枪

影响力指数	★★★★☆
枪械性能	★★★★☆
技术创新	★★★☆
生产总量	★★★★
使用国家	★★★★
服役时长	★★★

服役时间	1942年至今	重量	3.04千克
口径	7.62毫米	弹容量	35发
全长	820毫米	枪口初速	500米/秒
枪管长	243毫米	有效射程	150米

PPS-43冲锋枪是苏联在二战期间生产的冲锋枪，1943年被列为苏军制式冲锋枪。该枪从1943年开始生产直到二战结束，总产量超过100万支，曾广泛装备于捷克斯洛伐克、匈牙利、保加利亚等国家，波兰、芬兰、德国等国家也进行了仿制生产。

■ PPS-43冲锋枪

主体结构

PPS-43冲锋枪采用自由枪机式工作原理，开膛待击，只能连发射击。保险手柄位于机匣下方、扳机护圈的右侧，可将枪机锁定于前方或后方位置。PPS-43冲锋枪使用较短的金属折叠式枪托，供弹方式为35发弧形弹匣，发射7.62毫米托卡列夫手枪弹或7.63毫米毛瑟手枪弹。

■ 枪托折叠的PPS-43冲锋枪

作战性能

受战争形势影响，PPS-43冲锋枪被设计成只使用当时的现有机器和材料就能生产，这是它的最大优点之一。PPS-43冲锋枪大部分部件用钢板冲压、焊接、铆接制成，具有结构简单、加工及操作方便等特点。该冲锋枪采用机械瞄准具，包括L形翻转式表尺、方形缺口式照门，射程装定为100米和200米。

■ PPS-43冲锋枪左侧视角

6.9 苏联/俄罗斯PP-91冲锋枪

影响力指数	★★★★☆
枪械性能	★★★★☆
技术创新	★★★★☆
生产总量	★★★★
使用国家	★★★★
服役时长	★★★

服役时间	1994年至今	重量	1.57千克
口径	9毫米	弹容量	30发
全长	530毫米	枪口初速	310米/秒
枪管长	120毫米	有效射程	200米

PP-91是苏联枪械设计师德拉贡诺夫研制的冲锋枪,该枪的原型最早于20世纪70年代推出,但直到90年代才正式服役。

■ PP-91冲锋枪

诞生历史

PP-91冲锋枪的原型是由SVD狙击步枪的设计师德拉贡诺夫在1969～1972年间根据苏军的要求而设计的PP-71冲锋枪,虽然进行了测试,但后来该计划被搁置。到了20世纪90年代初期,当时的俄罗斯警察认为需要增强他们在近距离战斗中的火力,才重新开展小型冲锋枪的计划。伊热夫斯克兵工厂的设计师对PP-71进行了一些改进,包括对总体机构的重大改变,于1992年推出了这种被命名为PP-91的小型冲锋枪,1993年开始在兹拉托乌斯特机械厂生产。

■ 装有背带的PP-91冲锋枪

主体结构

PP-91冲锋枪以反冲作用及闭锁式枪机运作,这种设计比起使用开放式枪机的枪械有着更高的精确度。其供弹具为20发或30发容量的双排弹匣,枪上的可折式枪托可用作减低后坐力。PP-91全枪均由冲压钢板制作而成,枪身重约1.6千克。其快慢机位于机匣右边,并能够切换到半自动和全自动两种射击模式,在全自动模式时此枪会以约每分钟800发的理论射速进行射击。与许多现代冲锋枪一样,PP-91也能够装上激光瞄准器和抑制器。

■ 枪托折叠的PP-91冲锋枪

6.10 德国UMP冲锋枪

影响力指数	★★★★✩
枪械性能	★★★★
技术创新	★★★
生产总量	★★★✩
使用国家	★★★✩
服役时长	★★

服役时间	1998年至今	重量	2.3千克
口径	11.43毫米	弹容量	30发
全长	690毫米	射速	600发/分
枪管长	200毫米	有效射程	100米

UMP(Universal Machine Pistol,意为"通用冲锋枪")是由德国黑克勒·科赫公司于1998年推出的一款冲锋枪,由于性能优异,后坐力小,易于分解,现已被多个特种部队及特警队采用。

■ UMP冲锋枪

诞生历史

由于11.43毫米口径的高制止力，美国的特种部队开始换装11.43毫米口径的手枪，以取代制止力不足的9毫米手枪，不过，特种部队的主要武器仍然是采用9毫米口径的MP5冲锋枪，使用MP5对付较为难缠的敌人时，常常无法进行有效的压制，而且与手枪使用的11.43毫米弹药不同，增加了弹药后勤补给上的不便，于是他们希望能改用11.43毫米口径的冲锋枪作为制式武器，不过当时市面上并没有适合特种作战的11.43毫米口径冲锋枪，于是，黑克勒·科赫公司开发了全新的UMP冲锋枪。

■ 使用UMP冲锋枪的美国海关人员

主体结构

UMP冲锋枪在设计时采用了HK G36突击步枪的一些概念，并大量采用塑料，不仅减轻了重量，也降低了价格，不过UMP冲锋枪仍保持了黑克勒·科赫公司一贯的优良性能和质量。UMP冲锋枪舍弃了MP5冲锋枪传统的半自由式枪机，改用自由式枪机，并使用闭锁式枪机，以确保射击精度，并安装了减速器，把射速控制在600发/分，不过在发射高压弹时，射速会提高到700发/分。

■ 枪托折叠的UMP冲锋枪

6.11　意大利伯莱塔M12冲锋枪

影响力指数	★★★★☆
枪械性能	★★★★
技术创新	★★★
生产总量	★★★☆
使用国家	★★★
服役时长	★★★★★

服役时间	1959年至今	重量	3.48千克
口径	9毫米	弹容量	40发
全长	660毫米	最大射速	550发/分
枪管长	180毫米	有效射程	200米

伯莱塔M12冲锋枪是意大利伯莱塔公司于1958年研制的冲锋枪，1961年开始成为意大利军队的制式装备，之后也被非洲和南美洲部分国家选作制式装备。

■ 伯莱塔M12冲锋枪

主体结构

伯莱塔M12冲锋枪采用环包枪膛式设计。枪管内外经镀铬处理，长200毫米，其中150毫米是由枪机包覆，这种设计有助缩短整体长度。该枪可以全自动和单发射击，后照门可设定瞄准距离为100米或200米。此外，伯莱塔M12冲锋枪拥有手动扳机阻止装置，能自动令枪机停止在闭锁安全位置的按钮式枪机释放装置。

■ 伯莱塔M12冲锋枪右侧视角

作战性能

伯莱塔M12冲锋枪有三种弹匣，容量分别为20发、30发和40发。金属管制成的枪托可折叠到枪身右侧，也可改为安装可拆卸的木制固定枪托。由于横向尺寸小，加上采用包络式枪机和可折叠枪托，伯莱塔M12冲锋枪的整体尺寸紧凑，容易隐藏和携带，操作简单，性能也非常可靠。

6.12 比利时FN P90冲锋枪

- 影响力指数 ★★★★
- 枪械性能 ★★★★
- 技术创新 ★★★★✩
- 生产总量 ★★★
- 使用国家 ★★★✩
- 服役时长 ★★✩

服役时间	1990年至今	重量	2.54千克
口径	5.7毫米	弹容量	50发
全长	500毫米	射速	900发/分
枪管长	263毫米	有效射程	150米

FN P90冲锋枪是比利时FN公司于1990年推出的个人防卫武器，被许多国家的特种部队所采用。

■ FN P90冲锋枪

诞生历史

二战结束后，由于突击步枪的兴起，使得冲锋枪从一线战场下来，成为二线后勤人员的配备。当时的冲锋枪大部分采用口径为7.62毫米的枪弹，这种枪弹威力大，但携带多了显得非常重，不太适合二线人员使用。基于此，FN公司开发出了一种新型枪弹——SS90枪弹，并推出了相应的冲锋枪——FN P90冲锋枪。

主体结构

FN P90发射5.7×28毫米小口径高速弹，50发容量的弹匣平行于枪管上方，弹匣由半透明的塑料制成，为防止夜间反光，混入了着色材料，呈浅褐色。由于弹匣内的枪弹与枪管轴线垂直，因此弹匣入口部是圆柱形，内部有引导枪弹转向90度的螺旋槽。

■ FN P90冲锋枪左侧视角

作战性能

FN P90能够有限度地同时取代手枪、冲锋枪及短管突击步枪等枪械，它使用的5.7×28毫米子弹能把后坐力降至低于手枪，而穿透力还能有效击穿手枪不能击穿的、具有四级甚至于五级防护能力的防弹背心等个人防护装备。FN P90的枪身重心靠近握把，有利单手操作并灵活地改变指向。经过精心设计的抛弹口，可确保各种射击姿势下抛出的弹壳都不会影射击。

■ 装有消音器的FN P90冲锋枪

6.13 捷克斯洛伐克Vz.61冲锋枪

影响力指数 ★★★★
枪械性能 ★★★★☆
技术创新 ★★★
生产总量 ★★★☆
使用国家 ★★★★
服役时长 ★★★★★

服役时间	1961年至今	重量	1.3千克
口径	7.65毫米	弹容量	20发
全长	517毫米	枪口初速	320米/秒
枪管长	115毫米	有效射程	150米

Vz.61冲锋枪是由捷克斯洛伐克制造的7.65毫米口径冲锋枪，1961年开始装备捷克斯洛伐克军队。Vz.61冲锋枪也被大量出口到外国，普遍装备一些中东和非洲国家的军队或警察。

■ Vz.61冲锋枪

主体结构

Vz.61冲锋枪运用了常见且简单的反冲作用和闭锁式枪机的机制，弹匣装在机匣底部，并配有可折叠式枪托。Vz.61冲锋枪与其他冲锋枪最不同的地方在于：极为细小的尺寸，以闭锁式枪机运作，并以位于手枪握把内的降速器来降低全自动射击时的射速。

■ Vz.61冲锋枪右侧视角

作战性能

Vz.61冲锋枪发射7.65×17毫米（.32 ACP）枪弹，这种弹药能配合Vz.61冲锋枪的设计概念——体积小、重量低，但在全自动射击时仍保留着很高的精确度和可控性。Vz.61冲锋枪的弹匣容量通常为20发，但也有较小的10发容量可供选择。

6.14 俄罗斯PP-2000冲锋枪

- 影响力指数 ★★★★
- 枪械性能 ★★★☆
- 技术创新 ★★★
- 生产总量 ★☆
- 使用国家 ★
- 服役时长 ★

服役时间	1961年至今	重量	1.3千克
口径	7.65毫米	弹容量	20发
全长	517毫米	枪口初速	320米/秒
枪管长	115毫米	有效射程	150米

PP-2000是由俄罗斯图拉仪器制造设计局研制的冲锋枪，同时兼具冲锋手枪和个人防卫武器的特点，可发射多种9×19毫米鲁格弹。

■ PP-2000冲锋枪

诞生历史

PP-2000冲锋枪在欧洲2004年防务展（Eurosatory 2004）上首次对外公开，外形非常新奇有趣，引起了国际轻武器界和参观者的关注。该枪由图拉仪器制造设计局研制，虽然第一次露面是在2004年，不过其设计专利是在2001年申请并在2003年批准的。PP-2000适合作为非军事人员的个人防卫武器，或者特种部队和特警队的室内近战武器，目前暂时还没有被任何部队正式采用，但一些执法机构和军事部门都表现出兴趣，并少量采购试用。

■ PP-2000冲锋枪左侧视角

主体结构

PP-2000冲锋枪是一种传统的后坐力操作的武器,空枪重1.4千克,设计适合进行高精度的近距离射击。PP-2000的枪身由耐用的单块式聚合物所制造,可以减轻重量和提高耐腐蚀性,枪口可装上消声器,机匣顶部的MIL-STD-1913战术导轨可装上红点镜或是全息瞄准镜,快慢机可由大拇指直接操作,拉机柄可以左右转动。总的来说,PP-2000的设计十分紧凑,从而减小了体积和重量,对提高人机工效、美观度和准确性也有帮助。

■ 枪托伸展的PP-2000冲锋枪

6.15　英国司登冲锋枪

影响力指数	★★★★
枪械性能	★★★
技术创新	★★★
生产总量	★★★
使用国家	★★★
服役时长	★★

服役时间	1941~1963年	重量	3.18千克
口径	9毫米	弹容量	32发
全长	760毫米	枪口初速	365米/秒
枪管长	196毫米	射速	500发/分

司登（Sten）冲锋枪是英国在二战时期大量制造及装备的9×19毫米冲锋枪,英军一直采用至20世纪60年代。

■ 司登冲锋枪

诞生历史

二战初期,英军没有制式冲锋枪,因此只能从美国购买汤普森冲锋枪。不过,汤普森冲锋枪价格比较昂贵。另一方面,英军从德军缴获了大量9毫米口径枪弹。鉴于这两个原因,英军打算自己设计一种冲锋枪,要求既轻巧又便宜,而且还能使用缴获来的枪弹。

之后,司登冲锋枪应运而生,虽然这种冲锋枪成本低,也没有弹药短缺的问题,但弊端也不少,包括射击精准度不佳,经常出现走火,以及供弹可靠性差等。不过,这些问题在后来的改进版中有所缓解。

■ 司登冲锋枪左侧视角

主体结构

司登冲锋枪是一种低成本、易于生产的武器,采用简单的内部设计,横置式弹匣、开放式枪机、后坐作用原理,弹匣装上后可充当前握把。司登冲锋枪使用9毫米口径枪弹,可在室内与堑壕战中发挥持久火力。此外,司登冲锋枪的紧凑外形与较轻的重量让它具备绝佳的灵活性。司登冲锋枪的弊端也不少,如射击精准度不佳、经常走火、极易因供弹可靠性差而卡弹。

■ 司登冲锋枪及其弹匣

6.16 英国斯特林冲锋枪

- 影响力指数 ★★★★
- 枪械性能 ★★★
- 技术创新 ★★★
- 生产总量 ★★★★✬
- 使用国家 ★★★
- 服役时长 ★★★★✬

服役时间	1941～1963年	重量	3.18千克
口径	9毫米	弹容量	32发
全长	760毫米	枪口初速	365米/秒
枪管长	196毫米	射速	500发/分

　　斯特林冲锋枪是英国斯特林军备公司于20世纪40年代研制的冲锋枪，1953年8月被英国军方选作制式武器，并命名为L2A1。之后经过了数次的改良，出现了L2A2和L2A3等改进型。

■ 斯特林冲锋枪

主体结构

　　斯特林冲锋枪的结构简单，属于反冲式设计。该枪的突出特征在于其圆管形枪机容纳部下方的垂直型握柄，以及枪机容纳部左侧装设的香蕉型弹匣。握柄上附有一个选择钮，可以进行全自动与半自动射击模式的切换。折叠式枪托的形状很特殊，可以说是一种很独特的设计。此外，圆管形枪机容纳部的前半部有许多小孔，能够增加散热能力。在护木前端的下方，可以装上刺刀。

■ 斯特林冲锋枪顶部视角

作战性能

斯特林冲锋枪较司登冲锋枪有了很大进步，其保留了司登冲锋枪结构简单、加工容易的优点，同时减小了体积和质量。斯特林冲锋枪的瞄准基线更长，射速更低，对提高射击精度有利，侧向安装的弹匣降低了火线高度，有利于减小卧姿射击时射手的暴露面积。该枪的另一个优点是弹容量大，火力持续性好。

6.17　法国MAT-49冲锋枪

影响力指数	★★★☆
枪械性能	★★★☆
技术创新	★★☆
生产总量	★★
使用国家	★★
服役时长	★★★

服役时间	1949～1979年	重量	3.5千克
口径	9毫米	弹容量	35发
全长	720毫米	最大射速	600发/分
枪管长	230毫米	有效射程	200米

MAT-49冲锋枪是由法国日蒂勒兵工厂制造、法国军队在1949～1979年期间使用的冲锋枪，主要发射9×19毫米鲁格弹。

■ MAT-49冲锋枪

主体结构

与二战以前法国军队所装备的冲锋枪不同，MAT-49冲锋枪的部件大都采用了钢板冲压成型制造，简化了生产工艺。MAT-49具有一个钢条制造的可伸缩式设计枪托，当枪托伸展后的长度是720毫米，而枪管长度是230毫米。弹匣及弹匣插座可以充当前握把，可以向前以45度角折叠，然后和枪管向前平行，这种设计适合伞兵安全携带。

作战性能

MAT-49坚固耐用，故障率低，即使枪托处于伸展状态，外形也十分紧凑。当弹匣座向前折叠时，不但利于携带，也因无法供弹而避免了走火的可能，配合握把上设置的握把保险，使其具有出色的安全性能。此外，射击时操控感很好，采用点射时，对50米左右的目标也有相当高的精度。

■ 装有背带的MAT-49冲锋枪

6.18 韩国K7冲锋枪

影响力指数 ★★★☆
枪械性能 ★★★★☆
技术创新 ★★★
生产总量 ★★☆
使用国家 ★★
服役时长 ★☆

服役时间	2003年至今	重量	3.38千克
口径	9毫米	弹容量	30发
全长	610毫米	射速	1100发/分
枪管长	200毫米	有效射程	150米

■ K7冲锋枪

K7冲锋枪是由韩国大宇集团制造的微声冲锋枪,2003年在阿拉伯联合酋长国的"国际防务展览及会议"上首次展出,现已被韩国和印度尼西亚等国的特种部队采用。

主体结构

K7冲锋枪以气动式自动原理步枪为蓝本,移除气动式结构,并且转换成发射9毫米口径弹药。K7冲锋枪使用滚轮延迟反冲式系统,射击精度较高。该枪装有整体微声器,使用亚音速的9×19毫米鲁格弹,以大幅减少射击时的噪音。K7冲锋枪采用专用的30发可拆卸式直弹匣,也可使用乌兹冲锋枪的20发、25发、32发、40发或50发可拆卸式弹匣。

■ K7冲锋枪左侧视角

作战性能

K7冲锋枪有三种发射模式,分别是"半自动"、"三点发"和"全自动"。由于微声器将枪声变得扭曲,敌人很难听出K7冲锋枪发射的声音。同时,微声器也将枪口焰消除,即使在夜间也难以发现。

6.19 美国M3冲锋枪

影响力指数	★★★☆
枪械性能	★★★☆
技术创新	★★★
生产总量	★★★★
使用国家	★★
服役时长	★★★★★

服役时间	1942~1992年	重量	3.7千克
口径	11.43毫米	弹容量	30发
全长	760毫米	枪口初速	280米/秒
枪管长	203毫米	有效射程	91米

M3冲锋枪是美国通用汽车公司于二战时期大量生产的廉价冲锋枪，1942年12月开始服役，取代造价昂贵的汤普森冲锋枪。

■ M3冲锋枪

诞生历史

1941年，美军兵器委员会有感于西欧战场冲锋枪效能突出，尤其是德国发射9毫米鲁格弹的MP40冲锋枪与英国的司登冲锋枪，于是在1942年10月开始研究发展相当于美国版的司登冲锋枪。当时的要求如下：全金属枪身，可在只转换少数零件后使用11.43毫米自动手枪弹或是9毫米鲁格弹，容易使用，与司登冲锋枪一样的功能与廉价。

新枪由通用汽车公司内陆分部的乔治·海德负责设计，1942年11月样枪提交陆军测试，在测试中得到95分的高分。发射5000发子弹只有两次故障。最早的样品枪被称作T15，除去保险的样品枪被称作T20。在通用汽车公司引导灯分部于1942年12月正式生产之前，设计又有几项小的改善。二次大战期间，共生产了将近60万支。大多数的M3使用11.43毫米的自动手枪弹，也有2.5万支使用9毫米鲁格弹。

■ M3冲锋枪及其弹药

主体结构

　　M3冲锋枪是全自动、气冷、开放式枪机、由反冲作用操作的冲锋枪。该枪由金属片冲压、点焊与焊接制造，缩短装配工时。只有枪管枪机与发射组件需要精密加工。机匣是由两片冲压后的半圆筒状金属片焊接成一圆筒。前端是一个有凸边的盖环固定枪管。枪管有四条右旋的膛线，量产后设计了可加在枪管上的防火帽。附于枪身的后方是可伸缩的金属杆枪托。枪托金属杆的两头均设计当作通条，也可用作分解工具。M3原本设计为用坏即丢不需要维修的武器，但在1944年时新的M3数量不足，迫使美国陆军兵器工厂制造替换零件。

■ M3冲锋枪及其包装盒

6.20　奥地利斯泰尔TMP冲锋枪

影响力指数	★★★
枪械性能	★★★★
技术创新	★★★
生产总量	★★
使用国家	★★
服役时长	★★★

服役时间	1992年至今	重量	1.3千克
口径	9毫米	弹容量	30发
全长	282毫米	枪口初速	400米/秒
枪管长	130毫米	有效射程	100米

　　斯泰尔TMP（Steyr TMP）是由奥地利斯泰尔·曼利夏公司设计的9毫米口径冲锋枪，TMP意为"战术冲锋手枪"（Tactical Machine Pistol）。

诞生历史

斯泰尔TMP冲锋枪于1989年设计，1992年开始批量生产。不过，TMP冲锋枪在刚推出几年内销量不大，于是斯泰尔公司试图把它当作普通的冲锋枪那样销售，但最后销量仍旧不好。最终，斯泰尔公司放弃了TMP冲锋枪，瑞士鲁加·托梅公司购买了它的权利，稍加改进后以MP9的名称销售。

■ 斯泰尔TMP冲锋枪

主体结构

斯泰尔TMP冲锋枪装有来自斯泰尔AUG突击步枪的射控扳机，轻按扳机只能单发，完全按下扳机便是全自动射击，供弹方式为15或30发弹匣。斯泰尔TMP冲锋枪装有向前倾的前握把，有助于射击时稳定持枪及瞄准，另外也可在前握把安装战术配件。斯泰尔TMP冲锋枪的半自动民用型称为斯泰尔SPP，两者口径相同，但斯泰尔SPP的枪管较轻，前握把也被移除。斯泰尔TMP冲锋枪能令射手在连发时保持稳定射击，准确度比其他的冲锋手枪高。

■ 斯泰尔TMP冲锋枪左侧视角

第7章　霰弹枪

霰弹枪是指无膛线（滑膛）并以发射霰弹为主的枪械，一般外形和大小与半自动步枪相似，但明显分别是有大口径和粗大的枪管，部分型号无准星或标尺，口径一般达到18.2毫米。霰弹枪火力大，杀伤面宽，是近战的高效武器，已被各国特种部队和警察部队广泛采用。

7.1 美国雷明顿870霰弹枪

影响力指数	★★★★☆
枪械性能	★★★★☆
技术创新	★★★☆
生产总量	★★★★☆
使用国家	★★★★★
服役时长	★★★★★

服役时间	1951年至今	重量	3.6千克
口径	18.53毫米	弹容量	9发
全长	1280毫米	枪口初速	480米/秒
枪管长	760毫米	有效射程	40米

雷明顿870霰弹枪是由美国雷明顿公司于20世纪50年代研制的泵动霰弹枪,在军队、警队及民间市场颇为常见。

■ 雷明顿870 Wingmaster霰弹枪

诞生历史

雷明顿870霰弹枪是雷明顿公司四种泵动霰弹枪的一种,其设计者约翰·本德森(John Pedersen)曾与美国著名枪械设计师约翰·勃朗宁(John Browning)一起设计出Model 31霰弹枪,但此枪的订单量少于温彻斯特M1912。为了取得更佳的市场占有率,雷明顿公司在20世纪50年代推出了坚固耐用、价格低廉的雷明顿870霰弹枪。从50年代初至今,它一直在美国军方和执法单位中服役。除美国外,英国、德国、瑞士、奥地利、以色列、爱尔兰、瑞典、西班牙和新加坡等国也有采用。

■ 雷明顿870霰弹枪接受测试

主体结构

雷明顿870霰弹枪采用推拉式枪机、双动式结构、内部击锤设计，枪管内延长式枪机闭锁。管式弹仓在枪管下部，从底部装弹，弹壳从机匣右侧排出。其机匣、扳机系统、保险制及套筒释放钮与雷明顿7600系列相似，部分零件可与雷明顿1100互换。该枪的金属零件经过磷化或黑色阳极氧化处理，并配有光滑的塑料枪托。光滑的加长下护木加工有手指沟槽，弹匣前端加工成阶梯形，可作为制式M7刺刀的环座，刺刀卡笋可作为背带环。

■ 雷明顿870 Express霰弹枪

■ 雷明顿870 Police霰弹枪

作战性能

雷明顿870霰弹枪的结构紧凑，价格合理，在恶劣气候条件下的耐用性和可靠性较好。尤其是改进型雷明顿870霰弹枪，采用了许多新工艺和附件，性能进一步提升。在突击进入建筑或防守时，雷明顿870霰弹枪具有超高的性能，受到常规部队和特种部队的青睐。在民间，雷明顿870霰弹枪也是热门武器，广泛用于狩猎、家庭防卫以及开锁。

■ 美国陆军士兵试射雷明顿870霰弹枪

7.2 美国温彻斯特1897霰弹枪

影响力指数	★★★★★
枪械性能	★★★★☆
技术创新	★★★☆
生产总量	★★★★☆
使用国家	★★★★☆
服役时长	★★★★★

服役时间	1897年至今	重量	3.6千克
口径	18.53毫米	弹容量	6发
全长	1000毫米	枪口初速	468米/秒
枪管长	510毫米	有效射程	20米

温彻斯特1897霰弹枪是由美国著名枪械设计师约翰·勃朗宁设计、美国温彻斯特连发武器公司生产的泵动式霰弹枪，发射12号霰弹或16号霰弹。从1893年开始生产到1957年停产，温彻斯特1897霰弹枪的总产量超过100万支。

■ 温彻斯特1897霰弹枪

诞生历史

温彻斯特1897霰弹枪是约翰·勃朗宁在温彻斯特1893霰弹枪的基础上改进而来的泵动式霰弹枪，1897年11月开始上市出售。最初只有12号口径，1900年2月新增了16号口径的型号。从1897年到1957年，温彻斯特1897霰弹枪的总生产量超过100万支，被美国军队、执法机关和猎人广泛采用。同时，该枪也确立了泵动式霰弹枪的性能标准，并且是泵动式霰弹枪在后世得以大规模普及的起点。时至今日，仍有一部分温彻斯特1897霰弹枪能够正常使用。

主体结构

与其前身温彻斯特1893相比，温彻斯特1897霰弹枪有着较厚重的机匣，并可以发射使用无烟火药的霰弹。该枪有许多不同的枪管长度和型号可以选择，例如发射12号口径霰弹或16号口径霰弹，并且有坚固的枪身和可拆卸的附件。16号口径的标准枪管长度为711.2毫米，而12号口径则配有762毫米的长枪管。特殊枪管长度可以缩短到508毫米或是伸延到914.4毫米）。

■ 温彻斯特1897枪机部位特写

作战性能

与大多数现代泵动式霰弹枪相反，温彻斯特1897霰弹枪在每次发射的时候枪机会和扳机组件一起自动闭锁（也就是说，它没有扳机切断装置），这使其成为一种非常有效的近战武器。因为温彻斯特1897霰弹枪所造成的极大破坏，令德国政府在1918年9月提出抗议，要求美国将温彻斯特1897霰弹枪在战场上取缔，但该抗议完全无效。同期出现的德国冲锋枪在火力上也被温彻斯特1897霰弹枪所压制，结果冲锋枪在战略上的优势仍未完全显露时，一战便已经结束了。导致冲锋枪没有在一战战场上对当时步兵的作战方式产生全面性影响。

■ 温彻斯特1897霰弹枪左侧视角

7.3 比利时勃朗宁Auto-5霰弹枪

影响力指数	★★★★★
枪械性能	★★★★✮
技术创新	★★★✮
生产总量	★★★★★
使用国家	★★★★✮
服役时长	★★★★★

服役时间	1902年至今	重量	4.1千克
口径	18.53毫米	弹容量	5发
全长	1270毫米	枪口初速	476米/秒
枪管长	711毫米	有效射程	40米

勃朗宁Auto-5（Browning Automatic 5，简称Auto-5或A-5，意为"勃朗宁5发霰弹枪"）是由美国著名枪械设计师约翰·勃朗宁设计的半自动霰弹枪，可发射12号口径霰弹、16号口径霰弹或20号口径霰弹。

■ Auto-5霰弹枪

诞生历史

Auto-5霰弹枪是历史上第一种大规模生产的半自动霰弹枪，由约翰·勃朗宁在1898年设计完成并在1900年取得专利权。该枪由1902年开始大规模生产，先后由数间枪械制造商生产，直到1998年才停止生产，生产时间接近一个世纪，总产量超过300万支。

勃朗宁最初准备将Auto-5霰弹枪的生产权卖给温彻斯特连发武器公司，但后者拒绝了他的条件，并想一次性买下其专利，这样的分歧使勃朗宁无法与温彻斯特达成协议。1902年1月，勃朗宁来到雷明顿公司并且洽谈相关事宜，由于雷明顿公司总裁哈特利突然去世，合作协议再一次无法达成。这时，勃朗宁想到了正在与其合作生产手枪的比利时FN公司，后者对Auto-5霰弹枪的设计很感兴趣，而且同意只获授权特许生产，并于1902年3月24日与勃朗宁签订了生产合同，不久后便正式开始生产。1905年，雷明顿公司在买下生产权以后也开始生产Auto-5霰弹枪，并且重新命名为雷明顿11。后来也有其他枪械制造商取得特许生产，包括美国萨维奇轻武器公司和意大利路易吉·弗兰基公司等。

■ Auto-5霰弹枪及其携行箱

主体结构

Auto-5霰弹枪采用了当时很罕见的枪管长行程后坐作用式自动原理,并有一种独特的高尾部设计,使其赢得了"驼背"(Humpback)的绰号。Auto-5霰弹枪有508毫米、660.4毫米、711.2毫米和812.8毫米四种枪管长度,可根据需要换装。枪管前方设有一个圆柱形准星,枪管下方设有一个圆环,管式弹仓套在该圆环内。射击过程之中圆环会在管式弹仓上来回滑动,并且压缩套在管式弹仓上的枪管复进簧,并且完成机构动作。

Auto-5霰弹枪拥有非常结实的木制枪托,而且在握持部分刻有防滑纹。早期型的枪托后部是金属底板,上面刻有生产商的商标或是图案。后期型开始安装各式各样不同类型的橡胶缓冲垫。

■ Auto-5枪机部位特写

7.4 美国雷明顿1100霰弹枪

影响力指数	★★★★★
枪械性能	★★★★☆
技术创新	★★★★☆
生产总量	★★★★★
使用国家	★★★★☆
服役时长	★★★★☆

服役时间	1963年至今	重量	3.6千克
口径	18.53毫米	弹容量	10发
全长	1250毫米	枪口初速	475米/秒
枪管长	762毫米	有效射程	40米

雷明顿1100霰弹枪是美国雷明顿公司研制的半自动气动式霰弹枪,1963年设计完成,直至21世纪仍在生产,是美国历史上销售量最高的自动装填霰弹枪,总量超过400万支。

■ 雷明顿1100霰弹枪

诞生历史

雷明登1100在1963年设计完成,至2006年仍在生产,是美国历史上销售量最高的自动装填霰弹枪,总量超过400万支。雷明顿1100推出之后,马上成为飞碟射击运动中流行的器材,其还专门设计了一种弹壳收集装置,可以避免在射击比赛中抛出的弹壳伤及一旁的运动员。此外在北美的执法机构也有装备使用。目前已知装备有雷明顿1100霰弹枪的还有巴西里约热内卢警局、墨西哥海军陆战队以及马来西亚特种部队等。

主体结构

雷明顿1100霰弹枪有12号、16号、20号等多种口径。基础型号弹仓装弹为5发,但执法机构的特制型号为10发。由于其优异的设计和性能,该型霰弹枪还保持着连续射击24000发而不出现故障的惊人纪录。直到今天,很多20世纪60、70年代生产的产品仍能可靠地使用。雷明顿公司还推出了很多纪念和收藏版本,此外还有供左撇子射手使用的12号和16号口径的型号。

■ 雷明顿1100霰弹枪右侧视角

7.5 美国莫斯伯格500霰弹枪

影响力指数 ★★★★★	服役时间	1961年至今	重量	3.4千克
枪械性能 ★★★★✩	口径	18.53毫米	弹容量	9发
技术创新 ★★★✩	全长	毫米	枪口初速	475米/秒
生产总量 ★★★	枪管长	762毫米	有效射程	40米
使用国家 ★★★				
服役时长 ★★★★✩				

莫斯伯格500霰弹枪（Mossberg Model 500）是美国莫斯伯格父子公司专门为警察和军事部队研制的泵动式霰弹枪，1961年推出。

■ 莫斯伯格500霰弹枪

诞生历史

莫斯伯格500霰弹枪由莫斯伯格父子公司在1961年推出，被广泛用于射击比赛、狩猎、居家自卫和实用射击运动，也被美国的许多执法机构所采用。美军在1966年试验性地采购了少量莫斯伯格500霰弹枪后（同时也采购了雷明顿870霰弹枪），在1979年又采购了更多的数量，后来美军中的大部分莫斯伯格500霰弹枪被莫斯伯格590霰弹枪所取代。

主体结构

莫斯伯格500霰弹枪有4种口径，分别为12号的500A型、16号的500B型、20号的500C型和.410的500D型。每种型号都有多种不同长度的枪管和弹仓、表面处理方式、枪托形状和材料。其中12号口径的500A型是最广泛的型号。莫斯伯格500霰弹枪的可靠性比较高，而且坚固耐用，加上价格合理，因此是雷明顿870霰弹枪的强力竞争对手。

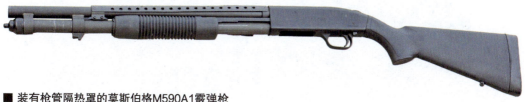

■ 装有枪管隔热罩的莫斯伯格M590A1霰弹枪

7.6 意大利伯奈利M4 Super 90霰弹枪

影响力指数	★★★★☆
枪械性能	★★★★
技术创新	★★★
生产总量	★★★
使用国家	★★☆
服役时长	★☆

服役时间	1999年至今	重量	3.82千克
口径	18.53毫米	弹容量	8发
全长	885毫米	枪口初速	465米/秒
枪管长	470毫米	有效射程	40米

M4 Super 90霰弹枪是意大利伯奈利公司研制的半自动霰弹枪，发射12号口径霰弹，被美军采用并命名为M1014战斗霰弹枪。

■ M4 Super 90霰弹枪

诞生历史

1998年5月4日，美国陆军军备研究、开发及工程中心正式发动招标，寻求一种于美国三军通用的新式半自动战斗霰弹枪。伯奈利公司于是设计和生产了M4 Super 90战斗霰弹枪。在1998年8月4日，M4 Super 90霰弹枪样本运送到马里兰州阿伯丁试验场进行测试。经过一连串测试后，证明性能优秀，符合竞争要求。1999年初，美军将其命名为M1014三军联合战术霰弹枪。

■ 装有瞄准镜的M4 Super 90霰弹枪

主体结构

M4 Super 90是半自动霰弹枪,但采用了新设计的导气式操作系统,而不是原来的惯性后坐系统。枪机仍然采用有与M1和M3相同的双闭锁凸笋机头,但在枪管与弹仓之间的左右两侧以激光焊接法并排焊有2个活塞筒,每个活塞筒上都有导气孔和一个不锈钢活塞,在活塞筒的前面螺接有排气杆,排气杆上有弹簧阀,多余的火药气体通过弹簧阀逸出。M4 Super 90的伸缩式枪托很特别,其贴腮板可以向右倾斜,这样可以方便戴防毒面具进行贴腮瞄准。如果需要,伸缩式枪托可以在没有任何专用工具的辅助下更换成带握把的固定式枪托。

7.7 苏联/俄罗斯KS-23霰弹枪

影响力指数	★★★★☆
枪械性能	★★★★
技术创新	★★★★☆
生产总量	★★
使用国家	★★
服役时长	★★★★☆

服役时间	1971年至今	重量	3.85千克
口径	23毫米	弹容量	3发
全长	1040毫米	枪口初速	450米/秒
枪管长	510毫米	有效射程	150米

KS-23霰弹枪是苏联于20世纪70年代研制的霰弹枪,目前仍被俄罗斯执法部队采用。

■ KS-23霰弹枪

诞生历史

KS-23霰弹枪的研制始于20世纪70年代,当时苏联内务部要寻找一种用于控制监狱暴动的防暴武器,经过反复研究后,决定用接近4号口径的霰弹枪,可以把催泪弹准确地投掷至100~150米远。为了达到预期的精度,还决定使用线膛枪管。按照这样的要求,中央科研精密机械设备建设研究所在1981年设计出了23毫米口径的KS-23霰弹枪。目前,KS-23系列仍然是俄罗斯执法部队所使用的防暴武器。

主体结构

KS-23采用泵动原理供弹,管状弹仓并列于枪管下方,再加上所发射的弹药和霰弹结构很相似,都是铜弹底和纸壳,所以在许多资料中都被称为霰弹枪。但该枪却采用线膛枪管,其名称KS-23的意思其实是"23毫米特种卡宾枪"。KS-23还有一种民用型,名为TOZ-123,与KS-23原型相比,改为标准的4号口径滑膛枪管。

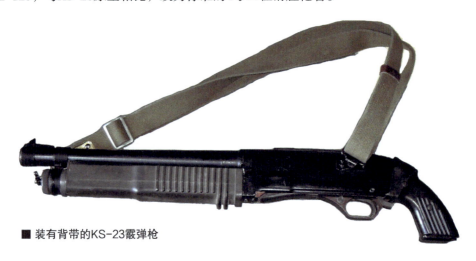

■ 装有背带的KS-23霰弹枪

7.8 意大利伯奈利Nova霰弹枪

影响力指数	★★★★✦
枪械性能	★★★★
技术创新	★★★✦
生产总量	★★
使用国家	★★
服役时长	★✦

服役时间	1998年至今	重量	3.63千克
口径	18.53毫米	弹容量	8发
全长	1257毫米	枪口初速	495米/秒
枪管长	711毫米	有效射程	50米

Nova(新星)霰弹枪是意大利伯奈利公司在20世纪90年代后期研制的泵动霰弹枪,其流线形外表极具科幻风格。

■ 伯奈利Nova霰弹枪

诞生历史

Nova霰弹枪是意大利伯奈利公司在20世纪90年代后期研制的泵动霰弹枪，也是伯奈利公司第一次开发的泵动霰弹枪，原本是作为民用猎枪开发的，但很快就推出了面向执法机构和军队的战术型。

主体结构

Nova霰弹枪采用独特的钢增强塑料机匣，机匣和枪托是整体式的单块塑料件，机匣部位内置有钢增强板。枪托内装有高效的后坐缓冲器，因此发射大威力的马格努姆弹时也只有较低的后坐力。托底板有橡胶后坐缓冲垫，也有助于控制后坐感。滑动前托也是由塑料制成，操作动作舒适和畅顺。Nova霰弹枪仍然采回转式枪机，有两个闭锁凸笋在枪管节套内闭锁。战术型的管状弹仓可装6发弹药，如果使用较短的霰弹，则能带更多的弹药。"新星"战术型可选用缺口式瞄准具或鬼环式瞄准具，并可在机匣顶端安装可选择的附件导轨，便于安装各种不同的瞄准镜。

■ 伯奈利Nova霰弹枪左侧视角

7.9 美国M26模块式霰弹枪

影响力指数 ★★★★
枪械性能 ★★★★★
技术创新 ★★★★★
生产总量 ★★
使用国家 ★☆
服役时长 ★

服役时间	2008年至今	重量	1.22千克
口径	18.53毫米	弹容量	5发
全长	610毫米	枪口初速	500米/秒
枪管长	197毫米	有效射程	40米

M26模块式霰弹枪系统（M26 Modular Accessory Shotgun System）是一种枪管下挂式霰弹枪，主要提供给美军的M16突击步枪及M4卡宾枪系列作为战术附件，也可装上手枪握把及枪托独立使用。2008年5月，M26开始进行批量生产，并装备在阿富汗的美军部队。

■ 下挂在步枪上的M26模块式霰弹枪

诞生历史

20世纪90年代后期，M26的模组式设计由美国陆军士兵战斗研究室（US Army's Soldier Battle Lab）开发，霰弹枪部分由C-More Systems提供。开发目的是为士兵提供一种可安装在M16A2或M4A1卡宾枪，可发射特种弹药如破门弹、00号鹿弹及非致命弹药的轻型附件式武器。2008年5月，M26开始进行批量生产，并装备在阿富汗的美军部队。

■ 使用M26模块式霰弹枪的美军士兵

主体结构

M26的设计概念来自于20世纪80年代美军士兵自制的"万能钥匙"（Masterkey）霰弹枪，也就是将截短型雷明登870霰弹枪下挂于M16突击步枪的枪管。M26比"万能钥匙"霰弹枪握持时更为舒适，采用可提高装填速度的可拆式弹匣供弹，有不同枪管长度的型号，手动枪机，拉机柄可选择装在左右两边，比传统泵动霰弹枪更为方便，枪口装置可前后调校以控制霰弹的扩散幅度及提高破障效果。

第7章 霰弹枪

■ 装在步枪上的M26模块式霰弹枪

7.10 俄罗斯Saiga-12霰弹枪

影响力指数 ★★★★
枪械性能 ★★★★⯨
技术创新 ★★★
生产总量 ★★
使用国家 ★★⯨
服役时长 ★★⯨

服役时间	1992年至今	重量	3.6千克
口径	18.53毫米	弹容量	8发
全长	1145毫米	枪口初速	483米/秒
枪管长	580毫米	有效射程	100米

　　Saiga-12霰弹枪由俄罗斯伊热夫斯克机械工厂在20世纪90年代早期研制，其结构和原理基于AK突击步枪，包括长行程活塞导气系统，两个大形闭锁凸笋的回转式枪机、盒形弹匣供弹。

■ Saiga-12霰弹枪

诞生历史

Saiga-12霰弹枪有.410、20号和12号三种口径。每种口径都至少有三种类型，分别有长枪管和固定枪托、长枪管和折叠式枪托、短枪管和折叠枪托。最后一种主要适合作为保安、警察的自卫武器，被很多俄罗斯执法人员和私人安全服务机构使用。作为一种可靠又有效的近距离狩猎或近战用霰弹枪，Saiga-12霰弹枪的优点是比伯奈利、弗兰基及其他著名的西方霰弹枪要便宜得多。

■ 装着弹鼓的Saiga-12霰弹枪

主体结构

Saiga-12与AK突击步枪基本相似，但也有不同的明显特征。首先，该枪只能半自动射击；其次，机匣和枪机组被重新设计以适应尺寸较大的突缘弹壳霰弹；第三，单排塑料盒形弹匣的容量只有5发或8发。另外，Saiga-12的导气系统有气体调节器，分有"标准"和"马格南"两种设定，这是根据发射3英寸弹（长76毫米）还是2.75英寸弹（长70毫米）决定。另外，AK传统的开放式瞄具由安装在导气管顶端的短肋式霰弹枪瞄具所代替，也可用侧式瞄准镜架安装红点镜。枪管用螺钉固定在节套上。护木、握把和固定或折叠式枪托均由黑色塑料制成。

■ 俯视Saiga-12霰弹枪

7.11 美国AA-12霰弹枪

影响力指数	★★★★
枪械性能	★★★★
技术创新	★★★
生产总量	★★
使用国家	★★
服役时长	★★★★

服役时间	1972年至今	重量	5.2千克
口径	18.53毫米	弹容量	32发
全长	991毫米	枪口初速	472米/秒
枪管长	457毫米	有效射程	100米

AA-12霰弹枪是由美国枪械设计师麦克斯韦·艾奇逊于1972年研制的全自动战斗霰弹枪，发射12号口径霰弹。

■ AA-12霰弹枪

诞生历史

1972年，美国枪械设计师麦克斯韦·艾奇逊研制了一种12号口径的全自动霰弹枪。当时他根据越南战争的经验，认为诸如在东南亚所常见的那种丛林环境中，渗透巡逻队的尖兵急需一种近程自卫武器，其火力和停止作用应比普通步枪大得多，又要瞄准迅速。

1987年，艾奇逊将专利权及全部图纸出售给宪兵系统公司（MPS）。其后，MPS用了超过18年时间重新设计及开发，期间原有的蓝图上有188个零部件需要做出修改和改进，最后研制完成并且改称为自动突击12霰弹枪。

主体结构

AA-12霰弹枪的准星和照门各安装在一个钢制的三角柱上，结构简单，准星可旋转调整高低。AA-12霰弹枪具有选射功能，能够半自动射击或以每分钟300发的发射速率做全自动射击。AA-12霰弹枪使用8发可拆卸式弹匣供弹，也可以使用20发或32发可拆卸式弹鼓。弹匣释放按钮在扳机护圈的右侧，只要食指压下释放按钮就能取出供弹具。AA-12霰弹枪可以使用不同种类的12号口径霰弹，如鹿弹、重弹头或非致命性橡胶击昏警棍弹。与许多12号口径霰弹枪一样，AA-12霰弹枪也可以发射照明弹、信号弹以及特殊的高爆弹。

■ AA-12霰弹枪右侧视角

7.12 意大利弗兰基SPAS-12霰弹枪

影响力指数 ★★★★
枪械性能 ★★★★☆
技术创新 ★★★
生产总量 ★★
使用国家 ★★
服役时长 ★★★☆

服役时间	1979年至今	重量	4.4千克
口径	18.53毫米	弹容量	9发
全长	1041毫米	枪口初速	458米/秒
枪管长	609毫米	有效射程	40米

　　SPAS-12（Special Purpose Automatic Shotgun，意为"特殊用途自动型霰弹枪"）是意大利弗兰基公司在20世纪70年代后期设计的一种用于特种用途的近战武器，最大的特点是可以选择半自动装填或传统的泵动装填方式操作，以适合不同的任务需求和弹药类型。

■ 弗兰基SPAS-12霰弹枪

诞生历史

SPAS-12霰弹枪于1979年10月开始批量生产，由于它的通用、可靠和火力，在推出后很快就成为很流行的供警察和特种部队使用的武器。另一方面，它比其他大多数类似的霰弹枪都要沉重和复杂，相对地价格也较高。由于SPAS-12的外观和设计目的，加上缺乏"运动用途"的设计，最终导致它被禁止进口到美国。

■ 弗兰基SPAS-12霰弹枪左侧视角

主体结构

SPAS-12霰弹枪拥有钢板压铸成型的枪管、方形设计包裹橡胶的隔热罩，加上枪管下方的护木通气孔，可以有效隔开枪管表面的高温，令使用者能够正常操作和做出各种战术动作而不受到任何影响。SPAS-12霰弹枪的枪管外部可装上各种各样的附件，包括固定枪榴弹的卡环、枪背带、收束器以及气体榴弹发射器。SPAS-12装有折叠式钢板压铸成型枪托，还可以在其底部装上一个特别的大型挂钩，这个大型挂钩可向左或右90度旋转。

■ 俯视弗兰基SPAS-12霰弹枪

参考文献

[1] 查克·威尔斯. 世界枪械历史图鉴[M]. 北京：人民邮电出版社，2014.
[2] 西风. 步枪、突击步枪、狙击步枪[M]. 北京：中国市场出版社，2012.
[3] 黎贯宇. 世界名枪全鉴[M]. 北京：机械工业出版社，2013.
[4] 床井雅美. 现代军用枪械百科图典[M]. 北京：人民邮电出版社，2012.

特别声明： 本书中部分图片无法确认版权人，也无法取得联系，版权所有者在见到本书及本声明后，可以通过出版社与作者取得联系，即按国家规定，以出版社标准付酬。

化学工业出版社优秀军事图书推荐

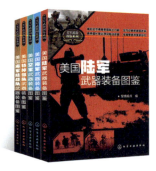

美军武器图鉴系列（2016年2月出版）
美国陆军武器装备图鉴（定价：49.8元）
美国海军武器装备图鉴（定价：49.8元）
美国空军武器装备图鉴（定价：49.8元）
美国特种部队武器装备图鉴（定价：49.8元）
美国海军陆战队武器装备图鉴（定价：49.8元）

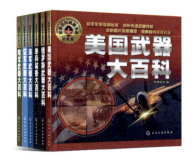

军事百科典藏书系（2015年6月起陆续出版）
陆军武器大百科（定价：68.0元）
海军武器大百科（定价：68.0元）
空军武器大百科（定价：68.0元）
单兵武器大百科（定价：68.0元）
美国武器大百科（定价：68.0元）
俄罗斯武器大百科（定价：68.0元）

二战兵器图鉴系列（2015年1月出版）
战地集结：二战德军重武器（定价：29.8元）
苏维埃之拳：二战苏军单兵武器装备（定价：28.0元）
白头鹰之爪：二战美军单兵武器装备（定价：29.8元）
北美重装：二战美军重武器（定价：38.0元）
红色洪流：二战苏军重武器（定价：36.0元）
单兵利刃：二战德军单兵武器装备（定价：29.8元）

如需更多图书信息，请登录www.cip.com.cn　　　服务电话：010-64518888（销售中心）
网上购书可登录化学工业出版社天猫旗舰店：http://hxgycbs.tmall.com
邮购地址：（100011）北京市东城区青年湖南街13号 化学工业出版社
如果您有出版图书的计划，欢迎与我们联系，联系电话：010-64519526